中等职业教育课程改革创新教材
中等职业教育旅游服务类专业系列教材

中餐厅摆台技能实训

第 2 版

主　编　童　霞

副主编　童嘉华

参　编　陈　香　赵　娟　俞晓敏
　　　　耿　阳　徐　岚　陶　宁
　　　　童　薇　潘立岿　濮德锁

主　审　葛　刚

机 械 工 业 出 版 社

本书是在第 1 版的基础上，根据当前中等职业技术学校酒店服务与管理专业学生的培养目标和中餐厅的实际工作需要修订而成。全书共分 6 个项目，内容包括：轻托训练、餐巾折花训练、铺台布训练、斟酒训练、中餐摆台训练和餐厅布置训练。书后配有附录，内容为中餐摆台考核训练。本书注重技能操作，力求浓缩精练，突出针对性、典型性、实用性。

本书可作为中等职业技术学校酒店服务与管理专业教材，也可供学生用作学完餐厅基本技能之后提高阶段学习的参考用书，还可作为餐厅中级工技能考核前的综合练习和酒店从业人员的操作技能指导用书。

图书在版编目（CIP）数据

中餐厅摆台技能实训/童霞主编．—2 版．—北京：机械工业出版社，2012.7（2022.1 重印）

中等职业教育课程改革创新教材．中等职业教育旅游服务类专业系列教材

ISBN 978-7-111-39021-3

Ⅰ．①中…　Ⅱ．①童…　Ⅲ．①餐馆—室内布置—中等专业学校—教材　Ⅳ．①TS972.32

中国版本图书馆 CIP 数据核字（2012）第 145553 号

机械工业出版社（北京市百万庄大街 22 号　邮政编码 100037）

策划编辑：宋　华　　责任编辑：陈　曦

责任校对：张　力　　封面设计：陈　沛

责任印制：郜　敏

北京盛通商印快线网络科技有限公司印刷

2022 年 1 月第 2 版第 6 次印刷

184mm×260mm・8.25 印张・201 千字

标准书号：ISBN 978-7-111-39021-3

定价：23.00 元

电话服务	网络服务
客服电话：010-88361066	机　工　官　网：www.cmpbook.com
010-88379833	机　工　官　博：weibo.com/cmp1952
010-68326294	金　　书　　网：www.golden-book.com
封底无防伪标均为盗版	机工教育服务网：www.cmpedu.com

第 2 版前言

本教材第 1 版经过旅游学校和行业使用后，获得广泛好评，评价认为是一本适合酒店服务与管理专业学生提升餐厅基本技能的用书。

本着“以就业为导向，以技能为本位，以学生为中心”的教学指导思想，本教材与相应的职业资格标准衔接，注重实践教学，强化技能教学，满足岗位应知、应会需要。目前，餐饮业从业人员的动手能力和创新能力在服务工作中显得尤为重要，经过广泛调研，我们保留了原书的框架体系和主要特色，力求体现当前旅游职业教学改革的精神，对一些内容进行了必要的修改。

修改后本教材具有以下特点：

（1）继续以项目课程为主体，科学系统地阐述了中餐厅摆台的基本操作技能和艺术设计能力；

（2）删除和调整了部分不合时宜的内容，理论知识以够用为准则，模块知识和技能训练更加贴近行业发展的需求；

（3）增强了实用性，更加符合国家新颁发的酒店业从业相关标准；

（4）体现了“新知识、新技术、新工艺和新材料”的特色，反应了餐饮业的新观点和新经验。

本书由童霞（扬州旅游商贸学校）任主编，童嘉华（扬州旅游商贸学校）任副主编，葛刚（南通市旅游职业高级中学）任主审。具体编写分工如下：童薇（扬州商务高等学校）编写项目一，童霞编写项目二，潘立岿（扬州旅游商贸学校）编写项目三，徐岚（扬州生活科技学校）、陶宁（江苏省高邮中等专业学校）编写项目四，濮德锁（扬州旅游商贸学校）、陈香（宝应商贸学校）编写项目五，耿阳（扬州旅游商贸学校）、俞晓敏（扬州旅游商贸学校）、赵娟（南通市旅游职业高级中学）编写项目六。

为了方便教学，凡选用本书作为教材的教师，均可登录机械工业出版社教育服务网（http://www.cmpedu.com）免费下载助教课件。

由于编者水平有限，本书难免有不妥或疏忽之处，恳请同行专家和读者批评指正。

编　者

第1版前言

随着我国改革开放的日益深化和不断扩大，旅游业以不断增长的势头迅速发展。目前，旅游企业需要大量的既能掌握相关理论知识又能熟练进行实践操作的人才。因此，培养学生的动手能力和创新能力，开展实践性教学意义重大。在实践教学中，应以培养学生的学习兴趣为动力，以积极参与为前提，以深入讨论为手段，通过具体的实践活动，提高学生实际操作和解决问题的能力。使学生真正意识到，在社会主义市场的大潮中，作为一名旅游专业毕业生，只有能熟练进行实践操作、迅速进入角色，才能胜任工作、赢得社会的承认。

本书积极响应教育部“以能力为本位，以职业实践为主线，以项目课程为主体的模块化专业课程”的号召，在编写过程中力求体现当前旅游职业教学改革的精神，“以学生为中心，以技能为本位”，积极探索符合旅游专业培养目标要求的模块化组合课程。本书适用于饭店服务与管理专业学生在学习完餐厅基本技能之后提高阶段的学习，同时也适用于餐厅中级工技能考核前的综合练习。在掌握相关专业基础知识的同时，提高学生餐厅的操作技能和艺术设计能力，培养能胜任高星级饭店所需的中等专业技能型、实用型人才。

本书在编写过程中力求体现以下特色：

1）以项目课程为主体，科学系统地阐述了中餐摆台的基本操作技能和艺术设计能力，同时兼顾各模块的系统性。

2）以提高学生能力为本位。

3）加强实践能力的培养，提倡“做中学、学中做”。

本书由江苏省扬州旅游商贸学校童霞任主编，童嘉华任副主编。具体分工如下：童薇编写技能训练模块一，童霞编写技能训练模块二和附录，潘立岿编写技能训练模块三，徐岚编写技能训练模块四和技能训练模块五中的技能训练活动四，濮德锁编写技能训练模块五中的技能训练活动一和活动二、技能训练模块六中的技能训练活动二，耿阳编写技能训练模块五中的技能训练活动三和技能训练模块六中的技能训练活动一，俞晓敏编写技能训练模块六中的技能训练活动三。

在本书的编写过程中，笔者参阅了国内外同行的有关著作和研究成果，得到了有关部门、学校领导、专家和教师的大力支持和帮助，在此表示衷心的感谢。

由于编者水平有限，本书难免有不妥或疏忽之处，诚请同行专家和读者批评指正。

编　者

目　录

项目一 轻托训练

托盘是餐厅运送各种物品的基本工具。托盘服务是餐厅服务的基本技能之一，正确使用托盘是每一位服务员在工作中必须掌握的一门服务技术。在中餐服务中，为了提高服务质量和服务效率，托送物品等服务活动都要使用托盘，所以，要求餐厅服务员一定要做到“物不离盘”。使用托盘时要求讲究卫生、起运方便、稳重安全。正确地掌握和使用托盘，不仅体现出餐厅服务的规范化，也显示出服务人员的文明操作。在中餐服务中，摆台、斟酒、菜肴服务、撤盘、上小毛巾、上茶等都离不开托盘，所以中餐服务员对托盘的掌控能力显得尤为重要。

任务　轻托的操作程序

学习目标

通过技能训练，使学生掌握轻托操作，能熟练地进行轻托行走并能灵活自如地运用轻托技能为客人服务。

学习准备

（1）全班分为5个训练小组，每组由一名学生负责。

（2）以组为单位完成学习心得。

（3）训练时间安排：4学时。

情景设置

××饭店餐饮部来了一批旅游学校的实习生。她们是一群活泼的小女生，善于和客人沟通交流，形象也很青春靓丽，给饭店带来了新的气象。

小王是实习生中表现不错的一个。她热情、善于与人沟通，规范服务也不错。

这一天正值晚餐的进餐高峰时间，餐厅内座无虚席，服务员、传菜员都在紧张地工作着。在某个包间中，实习服务员小王正在为一桌的客人托盘斟酒，客人选择的酒水品种很丰富，有白酒、葡萄酒和各式饮料。小王正在为一位客人进行斟倒，突然邻近的客人凑过来和这个客人交流，小王一走神，左手的托盘一歪，托盘内的酒瓶倾倒下来，好在小王眼疾手快，扶住了酒瓶。在工作台上整理好托盘后，小王继续为客人斟倒酒水。这时，一位客人指着刚才小王斟酒时倒瓶位置的客人衣服上的斑迹说："这好像是刚才服务员洒上去的。"小王一看，果然是刚刚不小心撒上去的酒水渍。小王忙向客人道歉，又取来湿毛巾为客人擦拭，酒水汁擦掉了，小王又再次向客人表示歉意，客人很大度地向小王表示没关系，宴会服务正常进行下去。

事后，小王自己分析，托盘斟酒时自己轻托的动作要领是正确的，但是托盘内由于酒水较重，有点力不从心，因而自己的注意力在托托盘的左手臂上，担心翻盘，这时客人的一点小举动就影响了自己对托盘的控制，造成了翻盘。她自己反省，这和自己在学校上托盘训练课时和老师讨价还价，托盘内重量能减则减，托盘训练时间经常和老师打折扣有很大关系。长此以往，托盘技巧虽然能掌握，但托盘内重量超过自己承受能力时，控制托盘能力就大打折扣了。

分析了原因后，包括小王在内的所有实习生都恍然大悟。这些失误的发生和自己的吃苦能力有关系。她们纷纷表示，经过实习发现了自己的缺陷，她们要在接下来的学习和工作中按照要求对自己进行技能训练。

分析：现在，学校的学生大多都是独生子女，在家是小公主、小王子，十几岁的孩子都不会做家务事。在学校进行专业技能训练的时候，往往会畏苦畏难，老师也不敢严格要求，担心出现什么意外。这种情况造成了现在学校的学生的技能水平普遍下降。在为客人近距离服务时经常会发生由于客人的行动影响服务的情况，餐厅服务员要想避免此类情况发生，需要练就手上托盘的过硬技术。

理论知识

托盘方式根据盘内物品的质量分为轻托和重托。

轻托时盘内运送的物品质量较轻，一般在5kg以下。轻托又称胸前托，通常使用大、中、小圆托盘或小方托盘，是专门用来为宾客斟酒、派小吃、传菜或托送较轻物品的工具。

知识链接

1. 托盘的分类

（1）按制作托盘的材料分为木制托盘、金属托盘和胶木托盘。

（2）按托盘的大小分为大托盘、中托盘和小托盘。

（3）按托盘的形状分为圆形托盘、正方形托盘和长方形托盘。

2. 托盘的选择

（1）大、中型圆托盘和中、小型方托盘通常用于斟酒、送菜、展示饮品等。

（2）大、中型方托盘通常用于装送菜点、盘碟等较重物品。

（3）小型圆托盘通常用于递送账单、信件等。

1．理盘

托盘每次使用前，要将其洗擦、消毒，如图1-1所示。

2．装盘

轻托时要根据物品的形状、体积、质量以及物品使用的先后次序进行合理的装盘。

装盘三原则：内重外轻；内高外低；先上桌的在上在外、后上桌的在下在内，如图1-2所示。

使用金属托盘时可在盘内垫上经过消毒的茶巾或专用盘布。

图　1-1

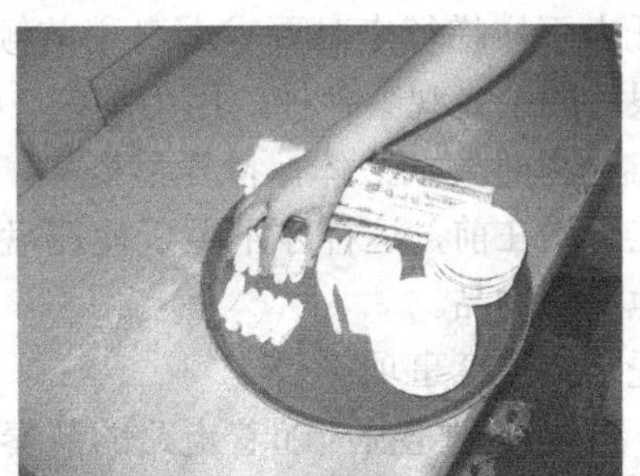

图　1-2

盘内的物品要排放整齐，可摆成弧形或横竖成行。

3．起托

左脚向前迈出一小步，略弯腰，半蹲屈肘，将左手臂自然弯成90°，左手与工作台面平齐，掌心向上，五指分开，用右手将托盘平稳地拉至左手中，以大拇指指端到手掌的掌根部位和其余四指托住盘底，手掌自然形成凹形，掌心不与盘底接触，用右手扶住托盘边，协助左手将托盘托起，直起身体。待托盘平稳后，松开右手，如图1-3所示。

4．托盘

左手臂自然弯成 90°，掌心向上，五指分开，以大拇指指端到手掌的掌根部位和其余四指托住盘底，手掌自然形成凹形，掌心不与盘底接触，平托于胸前。手指随时根据盘上各侧面的轻重变化而进行相应的调整，以使托盘平稳，如图 1-4 所示。

5．轻托行走

轻托行走时要头正肩平，上身挺直，两眼注视前方，步履轻快，托盘随着走路的节奏自然摆动，切忌僵硬死板，否则托盘中的汤汁、酒水容易外溢，如图 1-5 所示。

图 1-3

图 1-4

图 1-5

小知识

托盘行走的 5 种步伐

（1）常步：按照正常的步速和步距迈步行走，要求步速均匀，步距适中。

（2）快步：运送热菜时，步速快一些，步距大一些，但不能奔跑。

（3）碎步：运送汤类菜肴时，步速较快，步距较小。

（4）垫步：运送菜肴在狭窄的过道、突然遇到障碍或靠近席边时需要减速，行走时前脚前进一步，后脚跟进一步。

（5）巧步：运送物品遇到意外时需灵活处理步子。

轻托上下楼梯行走时要求上身稍前倾，双臂自然摆动。行走速度比地面稍快些，眼睛平视，用眼睛的余光观察台梯。用力均匀，身体不要跳跃式上下楼梯。

托盘下蹲时要求上体保持托盘姿势，下体采用交叉式或高低式蹲姿。无论采用哪种下蹲方式，左脚均在前，这样才不至于使托盘挡住视线，看不到掉在地上的物品。

轻托行走注意事项：

（1）行走时，托盘应随着走路的节奏自然摆动，但注意不能让其上下摆动幅度过大。

（2）用轻托的方式给宾客斟酒、上菜、撤换餐具等服务时，左手应向后自然延伸，打开在椅子外侧，不可将托盘越过宾客的头顶。打开时要随时保持托盘的平衡，勿使托盘翻掉而将酒水泼洒在宾客的身上，以免发生意外，如图 1-6 所示。

图 1-6

（3）随着托盘中物品的质量不断变化，左手手指应不断地在盘底移动，以掌握好托盘的重心而保持托盘平衡。

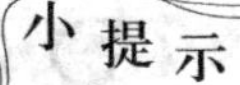

小提示

不可以拇指向上按住托盘边托盘，这样不美观，也不礼貌。

小技巧

要想保持托盘的平衡，不管托盘在胸前还是打开在椅子外侧时，都应使左小臂、掌根、五指指端保持同一水平线平行于地面。

知识链接

托盘向后转身时，应用身体护住托盘，从右转至后方。

持空托盘行走的姿势应保持端庄自如，可以保持托物时的基本姿势，也可将托盘握于手中，夹在手臂与身体一侧，但绝不允许拎着托盘行走。

6．卸盘

左脚向前迈出一小步，右手扶住盘边，略弯腰，半蹲屈肘，将左手臂自然弯成90°，左手与工作台面平齐，将托盘一端搁在台面上，用左手掌根将托盘平稳地推至台面上，松开双手，直起身体，如图1-7所示。

图 1-7

不要在没有放好托盘之前就急于取出上面的东西，那样做容易造成托盘打翻、物品落地的后果。

知识链接

盘内运送的物品质量在5kg以上时使用重托方式。目前国内饭店一般不使用重托方式为客人服务。

重托程序如下。

（1）理盘：每次使用托盘前，应将其洗擦、消毒。

（2）装盘：重托的特点是重，因此，要求物品质量分布均匀，托盘内的物品要摆稳，物品之间留有一定间隔。

（3）托盘：用双手将托盘一边移至边台外，右手扶住托盘的边，左手伸开五指，用全掌托住盘底。在掌握好平衡后，用右手协助将托盘托起至胸前，向上转动手腕，将托盘稳托于肩上。盘底不触肩，盘前不近嘴，盘后不靠发。右手自然下垂摆动或扶住托盘的前内角。

（4）重托行走：在使用重托托运菜点和餐后收拾餐具时，姿态要正确，对盘中堆物大小、轻重要调度适当，分档安放，较高的和质量重的物品靠里摆放。具体要求如下。

1）平：托送时掌握好平衡，平稳轻松。行走时保持盘内平、肩平、动作协调。

2）稳：装盘要合理稳妥，不要在盘内装力所不能及的物品。托盘时不晃动，行走时不摇摆，转动灵活不碰撞，使人看了有稳重、踏实的感觉。

3）松：在手托重物的情况下，动作表现要轻松自如，上身保持正直，行走自如。

技能训练

1. 流程

轻托托盘操作练习→轻托平地行走练习→轻托上下楼梯练习→轻托障碍行走练习→轻托桌边打开托盘练习。

2. 具体训练步骤指导

（1）轻托托盘操作练习。

要求：按轻托操作程序进行理盘→装盘→起托→托盘→托盘站立。检查托盘操作动作的准确性。

注意：轻托时手掌的形状呈凹形；左手臂自然放松；手掌、手指不要僵硬。

步骤：

每位学生根据轻托托盘操作要领领会动作要领

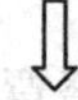

教师进行轻托托盘操作要领的示范动作

小组内互相纠正轻托托盘操作动作

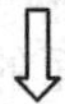

小组派代表展示轻托托盘操作要领，其他小组检查纠正

选出操作最规范的学生口述轻托托盘操作要领并示范动作

每位学生根据轻托托盘操作要领自查

小组内互查并纠正轻托托盘操作动作

教师进行轻托托盘操作的课堂检查

选出轻托托盘操作最规范的小组检查其他小组

教师检查每小组推选的轻托托盘操作动作规范的学生

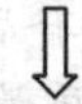

各小组组内合作练习与自查

（2）轻托平地行走练习。

要求：按轻托操作程序进行理盘→装盘→起托→托盘→托盘站立→轻托平地行走。检查轻托托盘操作手势是否正确，轻托行走走姿是否正确、优美。

注意：托盘随着走路的节奏自然摆动；走姿步伐适中，姿态优雅。

步骤：

每位学生根据轻托平地行走要领领会动作要领
⇩
教师进行轻托平地行走要领的示范动作
⇩
小组内互相纠正轻托平地行走动作
⇩
小组派代表展示轻托平地行走要领，其他小组检查纠正
⇩
选出操作最规范的学生口述轻托平地行走要领并示范动作
⇩
每位学生根据轻托平地行走要领自查
⇩
小组内互查并纠正轻托平地行走动作
⇩
教师进行轻托平地行走动作的课堂检查
⇩
选出轻托平地行走最规范的小组检查其他小组
⇩
教师检查每小组推选的轻托平地行走动作规范的学生
⇩
各小组组内合作练习与自查

（3）轻托上下楼梯练习。

要求：按轻托操作程序进行理盘→装盘→起托→托盘→托盘站立→轻托平地行走→轻托上下楼梯。检查轻托托盘操作手势是否正确，上下楼梯走姿是否正确、轻松。

步骤：

每位学生根据轻托上下楼梯操作要领领会动作要领
⇩
教师进行轻托上下楼梯操作要领的示范动作
⇩
小组内互相纠正轻托上下楼梯动作
⇩
小组派代表展示轻托上下楼梯操作要领，其他小组检查纠正
⇩
选出操作最规范的学生口述轻托上下楼梯要领并示范动作
⇩
每位学生根据轻托上下楼梯要领自查
⇩
小组内互查并纠正轻托上下楼梯动作
⇩
教师进行轻托上下楼梯操作的课堂检查
⇩
选出轻托上下楼梯操作最规范的小组检查其他小组
⇩
教师检查每小组推选的轻托上下楼梯操作动作规范的学生
⇩
各小组组内合作练习与自查

（4）轻托障碍行走练习。

要求：按轻托操作程序进行理盘→装盘→起托→托盘→托盘站立→障碍行走。检查轻托托盘操作手势是否正确，走姿是否灵活、平稳，障碍行走是否灵活、平稳。

步骤：

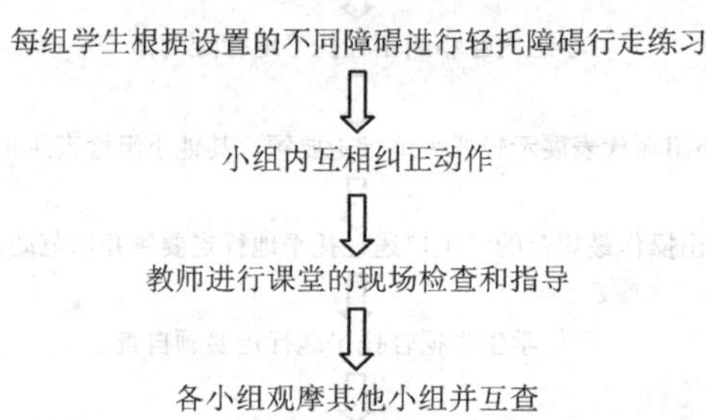

（5）轻托桌边打开托盘练习。

要求：按轻托操作程序进行理盘→装盘→起托→托盘→托盘站立→轻托行走后将托盘内的物品放至指定的客位。检查轻托托盘操作手势是否正确，身体姿态是否正确、优美，托盘是否平稳。

注意：要随时调整托盘的平衡，托盘的左手应向后自然延伸；左手手指应不断移动，以掌握好托盘的平衡，身体的重心按取物放在左脚、放物放在右脚的原则进行控制。

步骤：

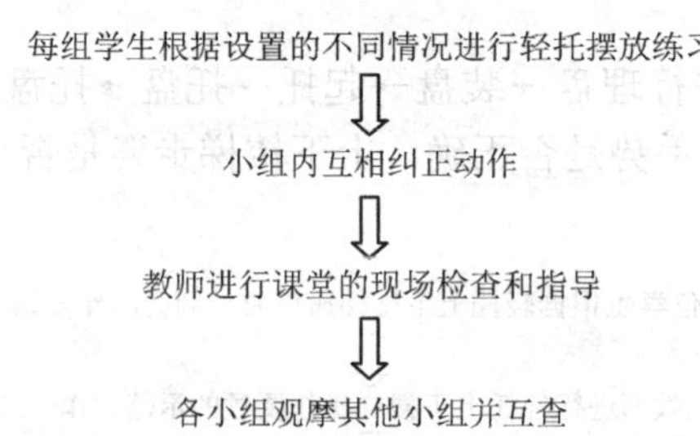

技能训练注意事项

（1）以小组为单位进行训练，进行小组交流比赛，技能动作最规范的小组负责检查其他小组的技能操作。

（2）训练时注意安全原则。

（3）训练中要注意合作，在合作训练中培养学生的团队合作精神。

（4）为了提高学生对托盘内物品质量的掌控能力，在长期的技能训练中，教师应分阶段对盘内物品的质量按照从轻到重、逐渐加大的原则进行托盘物品的质量控制练习。

（5）不能把物品摆放出托盘以外。盘内物品摆放不能过高。

（6）轻托练习中托盘摆放在指定工作位置，切不可随意摆放，更不能摆放在客人桌上。

（7）轻托行走时要掌控好托盘的重心和平衡后再行走，不要右手扶住托盘同时进行轻托行走。

学习评价

轻托能力评价评分表，见表1-1。

表1-1　轻托能力评价评分表

考 评 人		被考评人	
考评地点			
考评内容	轻 托 能 力		
	内　　容	分值/分	实际得分/分
考评标准	轻托托盘操作练习：托盘操作手势正确	10	
	轻托平地行走练习：托盘操作手势正确，走姿正确、优美	20	
	轻托上下楼梯行走练习：托盘操作手势正确，走姿正确、轻松	20	
	轻托障碍行走练习：托盘操作手势正确，走姿灵活、平稳	20	
	轻托桌边打开托盘练习：托盘操作手势正确，身体姿态正确、优美，托盘打开悬位在椅子外侧，托盘平稳	30	
合　　计		100	

注：考核满分为100分，60～69分为及格；70～79分为中等；80～89分为良好；90分及以上为优秀。

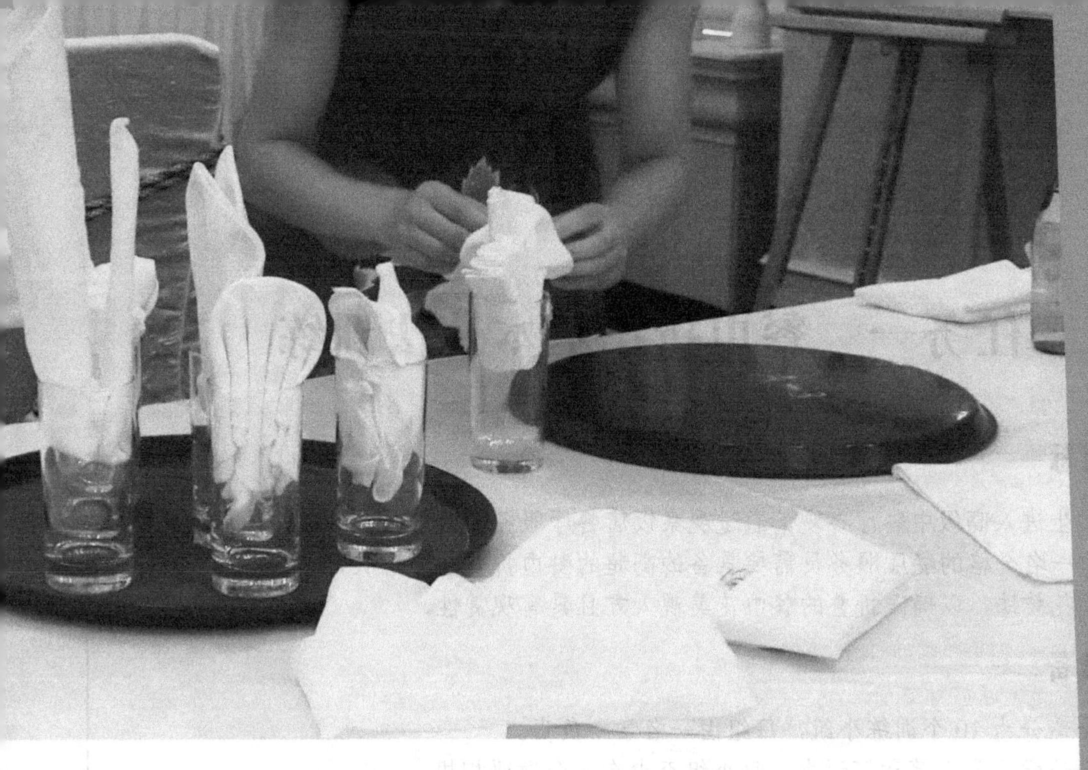

项目二　餐巾折花训练

餐巾俗称口布，是一种正方布巾，是客人在餐厅用餐时放在衣襟上或膝上，以免菜汁、酒水弄脏衣服所用的方布巾，起到保洁作用。它的边长一般是 45～65cm。

服务员要能根据中餐的特点和对象的不同，分别叠成不同式样的餐巾花，使餐台显得美观大方。要使折出的餐巾花和宴会台面融为一体，经常要考虑的因素有餐巾和台布的颜色、餐具的质地、餐具的形状、餐具的色泽等。运用餐巾花的不同形状及摆设，可以标识出宾主的席位，以便于入座。这些五彩缤纷、精美绝伦的餐巾花，如同无言的诗，更似立体的画，摆在餐台上，不仅提高了宴席的档次、美化了席面，还能烘托出宴席的喜庆气氛，表达出对客人的尊重和接待规格的隆重和高贵。

折叠餐巾，要视具体情况灵活掌握，力求简便、快捷、整齐、美观大方。这就需要餐厅服务员具有高超的餐巾折叠技巧，同时具有餐巾花选择和摆设的能力，以确保折叠的餐巾花美观大方，具有观赏性。

任务一　餐巾折花基本技法训练

学习目标

安排学生进入高级中餐厅参观，通过观察饭店餐厅服务员餐巾折花的技术操作，使学生认识到作为一名合格的餐厅服务员需要具备的高超的餐巾折叠技巧，从而使每位学生熟练地掌握餐巾折花技法，以确保折叠的餐巾花美观大方且具有观赏性。

学习准备

（1）全班分为10个训练小组，每组由一名学生负责。

（2）每位学生带上笔和笔记本，每小组至少有一台数码相机。

（3）对每位学生进行进入饭店前的安全守纪教育，所有学生的参观活动以不影响饭店正常工作为前提。

（4）以组为单位完成学习心得。

（5）训练时间安排：4学时。

情景设置

某中餐厅晚餐时间，某包间举行家庭宴会。一个小女孩看到桌上的餐巾花后，拿在手上爱不释手，家长好奇的看着，原来杯中的餐巾布像一朵盛开的玫瑰花，大家不由得对服务员精湛的折花技法称赞起来。

分析：餐巾折花是餐厅服务员的一项基本技能，通过服务员的双手将一块块正方形布折叠成让客人赏心悦目的各种花鸟鱼虫等，需要服务员掌握高超的餐巾折叠技巧。

理论知识

一、餐巾折花的基本技法及其要领

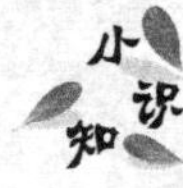

小知识

（1）全棉和棉麻混纺的餐巾，特点是吸水性强、触感好、色彩丰富，但易褪色、不够挺括，每次洗涤需上浆，平均寿命为4～6个月。

（2）化纤餐巾，价格适中。

（3）维萨餐巾，特点是色彩鲜艳丰富、挺括、触感好、方便洗涤、不褪色并且经久耐用，但价格较高。

（4）纸质餐巾，特点是一次性使用，成本较低，一般用在快餐厅和团队餐厅。

1．叠

叠是最基本的餐巾折花手法。叠就是将餐巾一折为二、二折为四或者折叠成三角形、长方形等几何图形。

要领：要熟悉基本造型，叠时看准折缝线和角度一次叠成，避免反复。

2．推

推是打折时运用的一种手法，就是将餐巾折成褶裥的形状，使花型层次丰富、紧凑、美观。

推分为直推和斜推，如图 2-1 所示。直推时用双手的拇指、食指分别捏住餐巾两头的第一个折裥，两个大拇指相对成一线，指面向外，两手中指按住餐巾，并控制好下一个折裥的距离，拇指、食指的指面握紧餐巾向前推折至中指外，用食指将推折的裥挡住，中指腾出去控制下一个折裥的距离。三个手指相互配合，使折裥均匀整齐。斜推用一手固定所折餐巾的中点不动，另一手按直推法围绕中心点沿圆弧形推折。

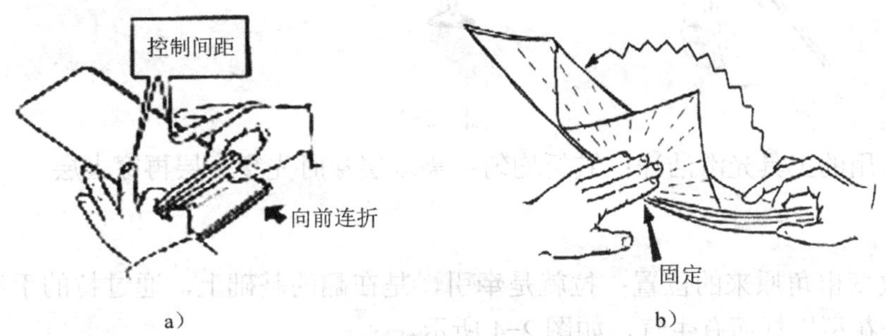

图　2-1
a）直推　b）斜推

在罗马时代，每位客人都带着自己的毛巾。餐巾的使用只有二三百年的历史，但当时很快就成为餐桌布置的一部分。查利王二世非常宠爱的御厨盖尔·罗斯在他的著作《烹调指导大全》一书中，叙述了多种折叠餐巾的方法。

要领：工作台面干净光滑；推折时，拇指、食指握裥向前推；要求对称的折裥从中间向两边推折。

3．卷

卷是将餐巾卷成圆筒形并制出各种花型的一种手法。

卷分为平行卷和斜角卷。平行卷时，餐巾两头同时平行卷，形成的卷筒一样大小；斜角卷就是将餐巾一头固定，只卷另一头，或是一头多卷另一头少卷，形成的卷筒一头大一头小，如图 2-2 所示。

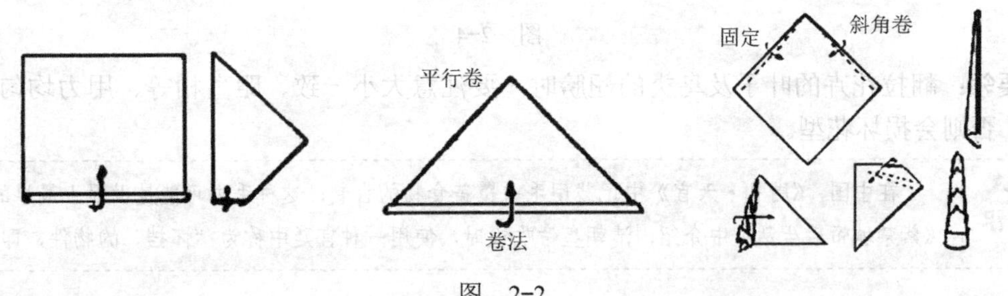

图　2-2

要领：不管用哪种卷法，都要求卷紧、卷挺。

4．穿

穿是用工具从餐巾的夹层折缝中间，边穿边收，形成皱褶，使造型更加逼真美观的一种手法。穿分为直接从夹层折缝中穿和挤皱（花型在穿之前不折裥将筷子直接穿入，再将折巾从两头向中间挤压而成皱折），如图 2-3 所示。

图 2-3

要领：穿用的工具光滑洁净；皱折均匀；需双层穿时先穿下层再穿上层。

5．翻拉

翻就是改变巾角原来的位置；拉就是牵引，是在翻的基础上，通过拉的手法使餐巾的线条曲直明显，花型挺括而有生气，如图 2-4 所示。

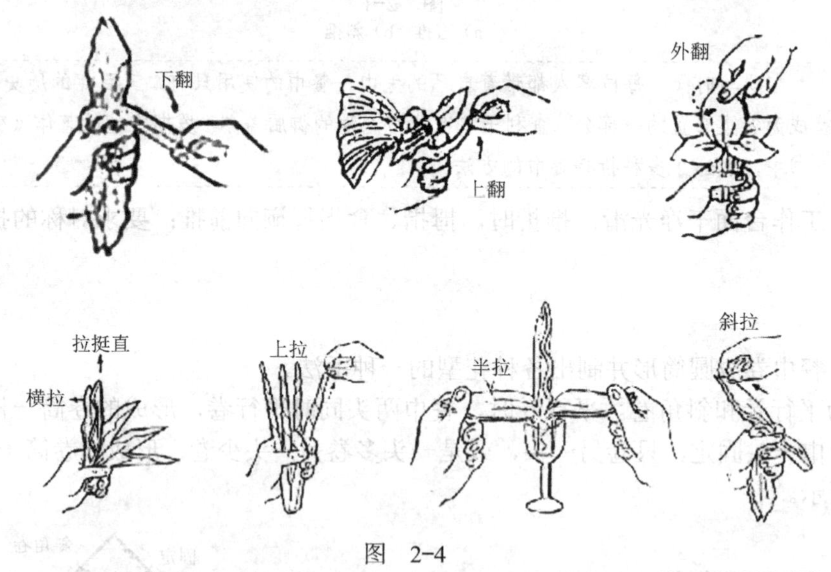

图 2-4

要领：翻拉花卉的叶子及鸟类的翅膀时，要注意大小一致、距离相等、用力均匀，不要猛拉，否则会损坏花型。

在中国，《周礼·天官》中记载用毛巾覆盖食物的古制，这种毛巾可能是世界上最早的餐巾。《紫禁城帝后生活》中介绍，清朝皇帝吃饭时，使用一种宫廷中称为“怀挡”的物件，即餐巾。

6．捏

捏主要用做鸟的头部折叠。操作时要求用拇指和食指将餐巾巾角的上端拉挺做头颈，然后用食指将巾角尖端向里压下，再用中指与拇指将压下的巾角捏紧成造型。常见鸟嘴形状，如图 2-5 所示。

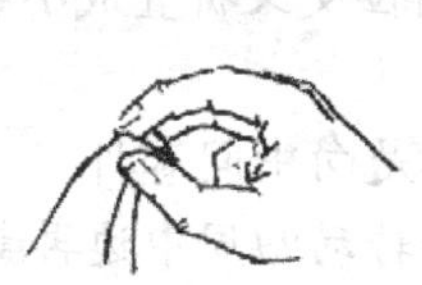   

图 2-5

要领：手指用力，一次成型。

7．掰

掰是将餐巾叠好的层次，用双手按顺序一层层掰出花瓣，如图 2-6 所示。

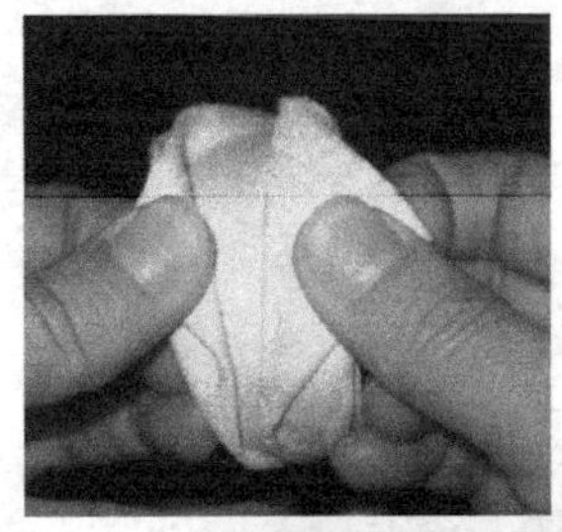 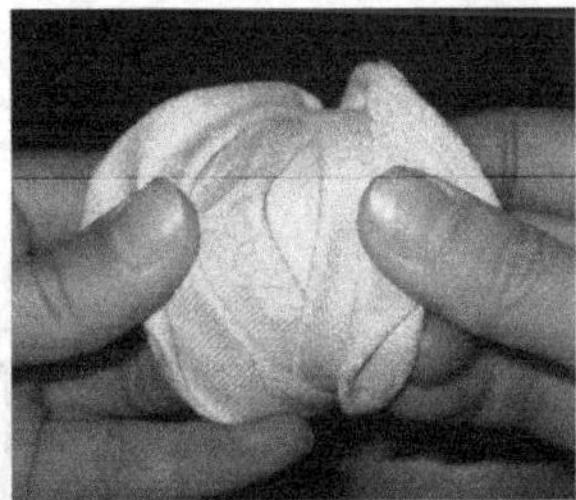 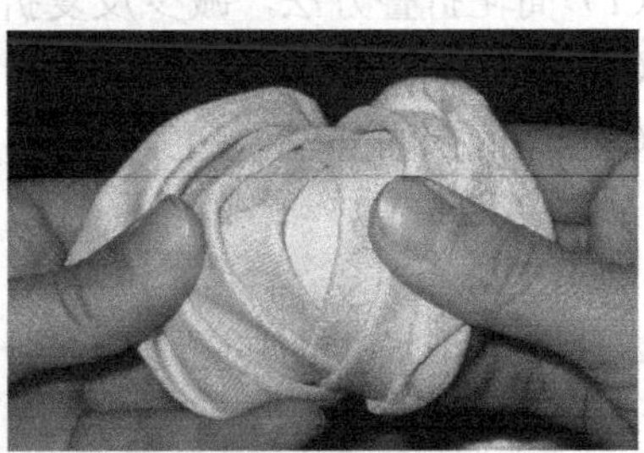

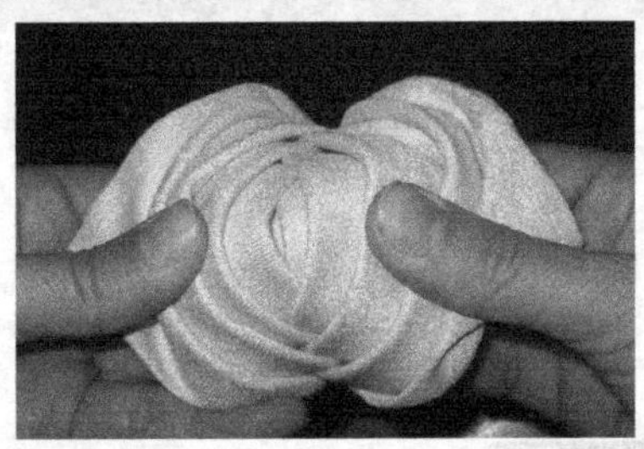 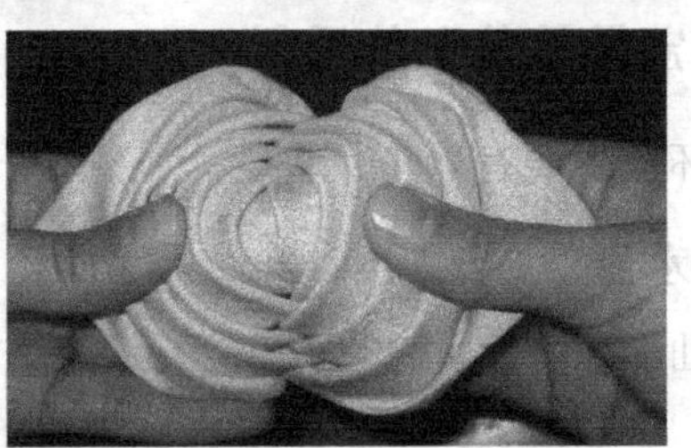

图 2-6

要领：不要用力过大，掰出的层次均匀。

知识链接

餐巾花的基础折叠法

基础折叠法，就是将餐巾初步折叠成形的方法。掌握了基础折叠方法，通过局部变化，就能折成多种花型。

（1）正方折叠法：一是折叠成正方形；二是先折角再叠成正方形；三是叠成方形后再折角；四是折角错位翻折再折裥。

（2）长方折叠法：一是多层相叠成窄长方形；另一种是双层平摊成宽长方形。

（3）长方翻角折叠法：一是巾角单面翻角折法；二是两面双翻角折法；三是两面交叉翻角。

（4）对角折叠法：一是巾角对叠成三角形；二是巾角折叠成双层三角形。

（5）条形折叠法：一是平行折裥；二是对角折裥。

（6）菱形折叠法：巾角相对平行折叠成菱形。

（7）错位折叠法：一是形成锯齿状；二是在大锯齿上再错位交叉折叠成小锯齿状；三是巾角重叠形成双锯齿状。

（8）尖角折叠法：将餐巾一角固定，一是向中间折叠；二是向中间卷折。

（9）提取翻折法：一是提取；二是用食指固定餐巾中心并转动四周巾边再翻转顶起。

（10）翻折角折叠法：一是将餐巾一角或数角翻折或折裥再翻折组合；二是将餐巾一角翻折、折裥；三是将餐巾的一角或数角折叠成形。

二、餐巾折花的基本要求

（1）简化折叠方法，减少反复折叠次数。

（2）餐巾花造型美观、高雅。

（3）适应国内外发展趋势。

动手动脑

每一种基础折叠法都能进行创新花型。怎样做到创新花型简单、美观、实用？

三、规定折叠花型的图例

常见的杯花主要有以下几种。

1．冰玉水仙

冰玉水仙的折叠，如图2-7所示。

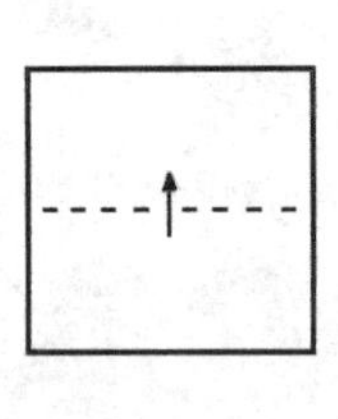

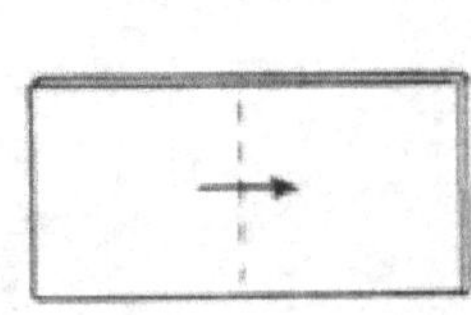

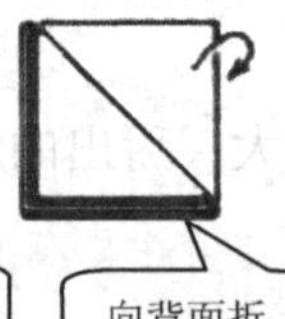

图 2-7

2．仙人合掌

仙人合掌的折叠，如图 2-8 所示。

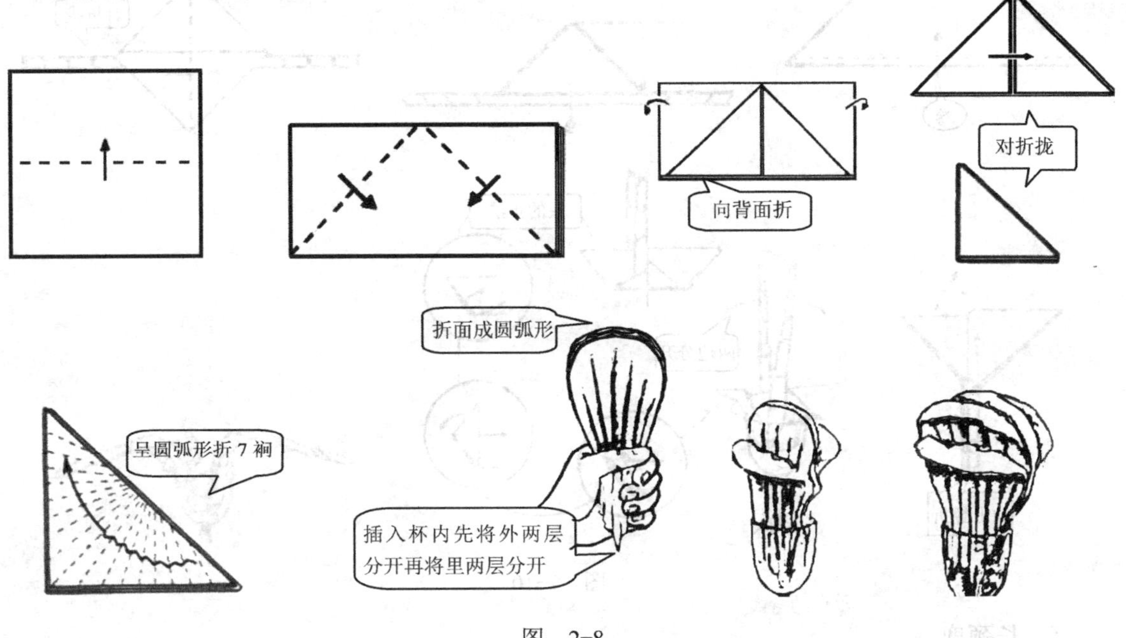

图　2-8

3．卷叶多姿

卷叶多姿的折叠，如图 2-9 所示。

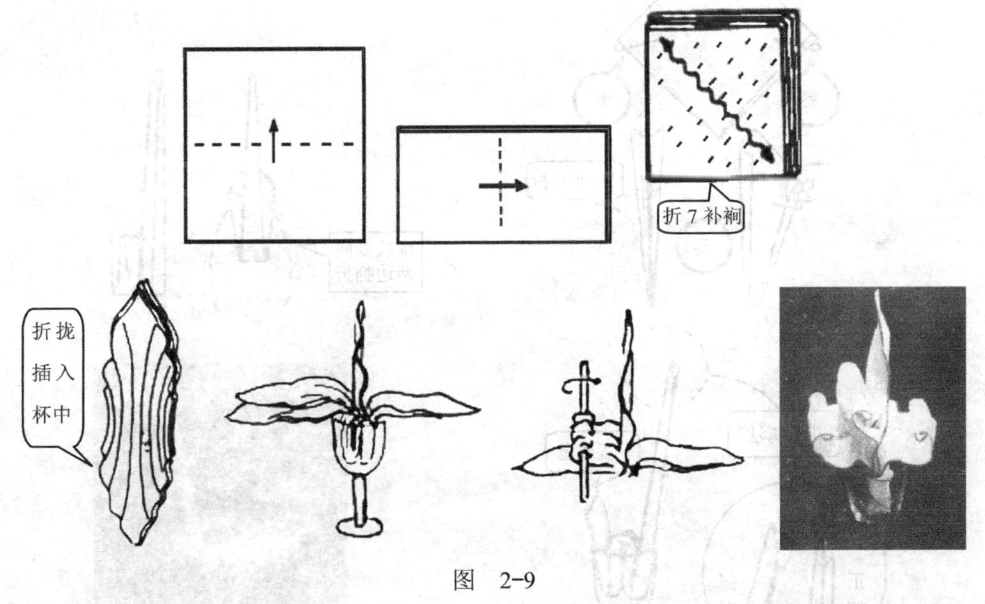

图　2-9

4．海鸥翱翔

海鸥翱翔的折叠，如图 2-10 所示。

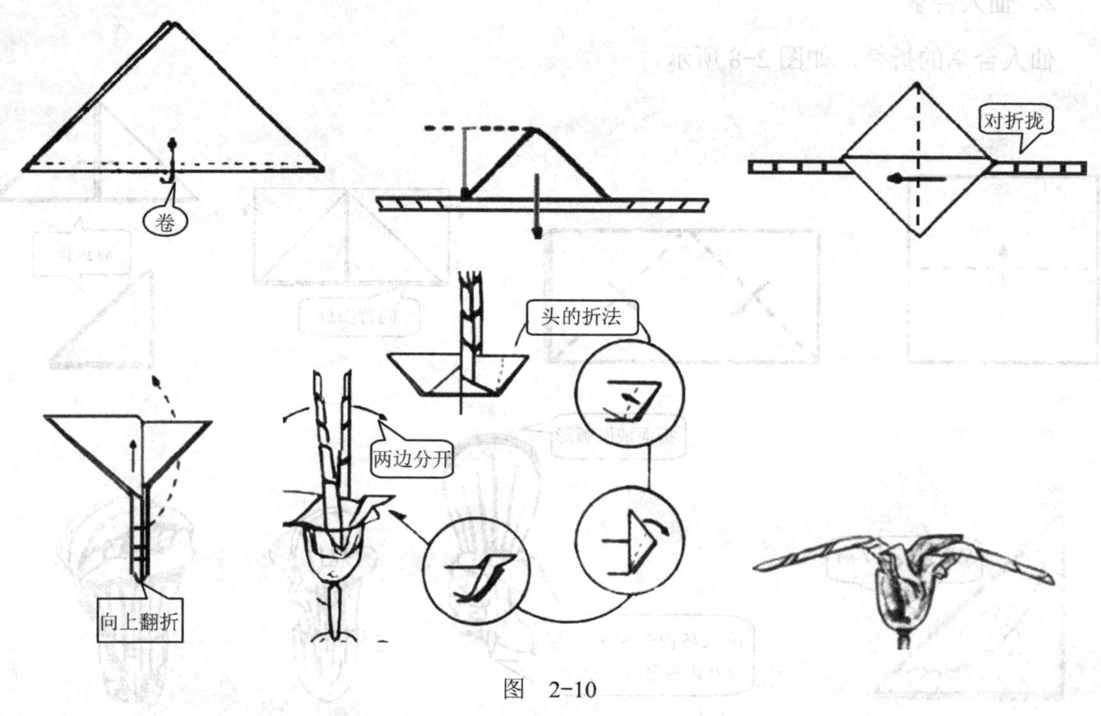

图 2-10

5．长颈鹿

长颈鹿的折叠，如图 2-11 所示。

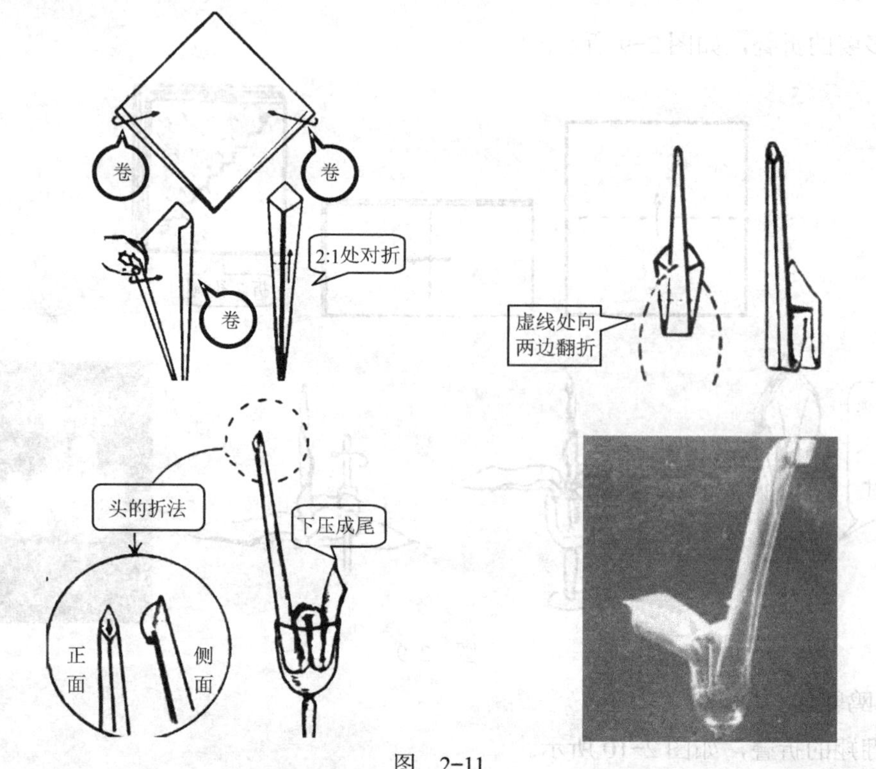

图 2-11

6．**玫瑰花**

玫瑰花的折叠，如图 2-12 所示。

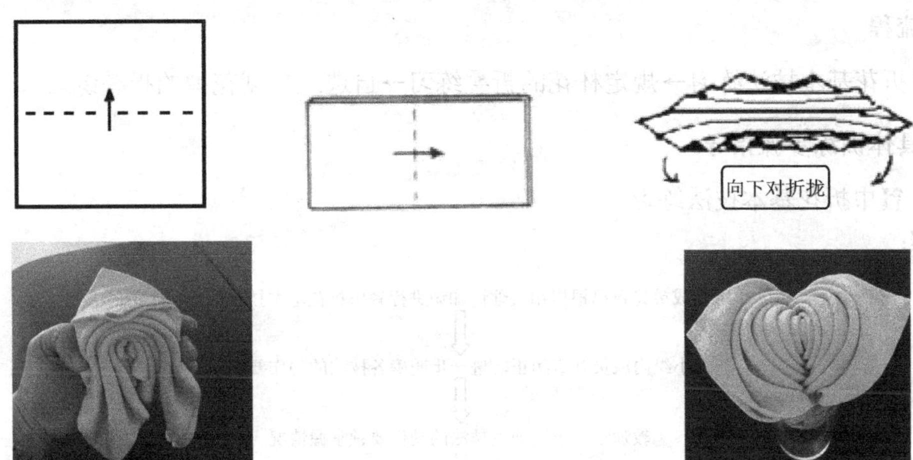

图　2-12

7．**彩蝶纷飞**

彩蝶纷飞的折叠，如图 2-13 所示。

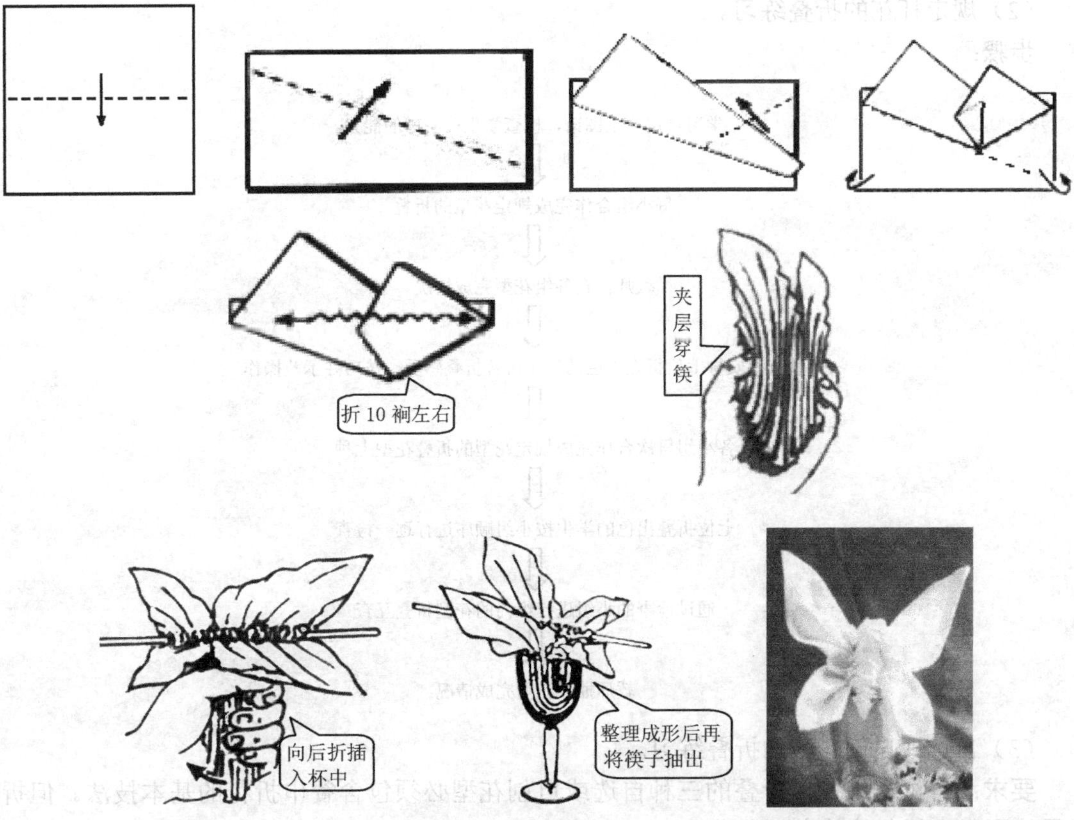

图　2-13

技能训练

1．流程

餐巾折花基本技法练习→规定杯花的折叠练习→自选或自创花型的折叠练习

2．具体训练步骤指导

（1）餐巾折花基本技法练习。

步骤：

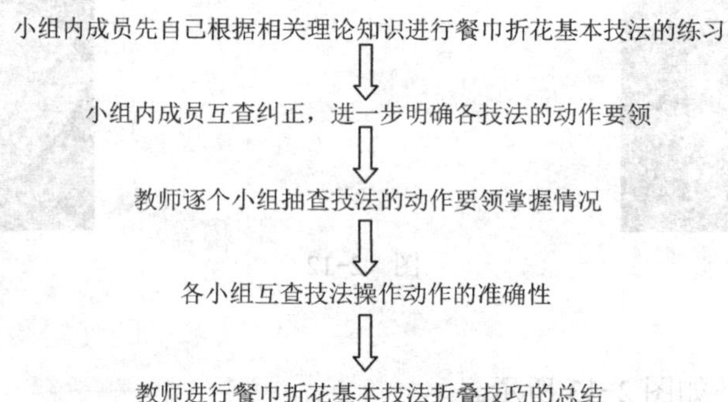

（2）规定杯花的折叠练习。

步骤：

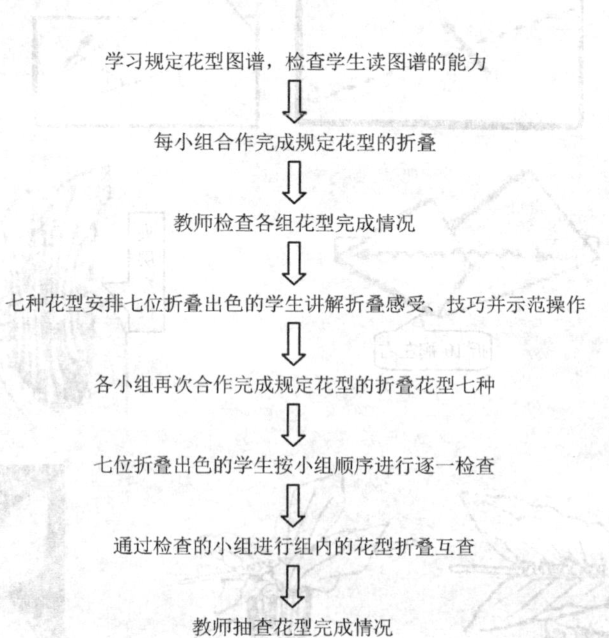

（3）自选或自创花型的折叠练习。

要求：每位学生最后折叠的三种自选或自创花型必须包含餐巾折花的基本技法。但折叠尽量按照餐巾折花的基本要求进行。

步骤：

每位学生折叠出自选或自创花型

小组合作完成花型的检查

教师检查各组花型完成情况

技能训练注意事项

（1）以小组为单位进行训练，将全班学生平均分成若干小组。

（2）每组安排一名学生负责。

（3）操作时，手应拿取杯子下半部，不能触碰杯口部位。放花入杯时，要注意卫生，手指不允许接触杯口，杯身不允许留下指纹。操作时不允许用嘴叼、口咬。

（4）摆放水杯时应轻拿轻放，避免碰出响声。

（5）摆放餐巾花时注意餐巾花的观赏面朝向客人。

（6）不操作时，不要玩弄餐巾布、水杯、筷子等。

（7）操作前要洗手消毒。

（8）在干净卫生的托盘或餐盘中操作。

学习评价

餐巾折叠技法能力评价评分表，见表 2-1。

表 2-1　餐巾折叠技法能力评价评分表

考评人		被考评人	
考评地点			
考评内容	餐巾折叠技法能力		
考评标准	内　容	分值/分	实际得分/分
	彩蝶纷飞：检查叠、直推、穿、翻拉等技法动作准确	10	
	卷叶多姿：检查叠、直推、翻拉、挤皱等技法动作准确	10	
	冰玉水仙：检查叠、直推、翻拉等技法动作准确	10	
	玫瑰花：检查叠、掰等技法动作准确	10	
	仙人合掌：检查叠、斜推等技法动作准确	10	
	海鸥翱翔：检查叠、直卷、捏等技法动作准确	10	
	长颈鹿：检查斜角卷、捏等技法动作准确	10	
	自选或自创花型一折叠技法	10	
	自选或自创花型二折叠技法	10	
	自选或自创花型三折叠技法	10	
合　计		100	

注：考核满分为 100 分，60～69 分为及格；70～79 分为中等；80～89 分为良好；90 分及以上为优秀。

任务二　中餐宴会餐巾花摆设训练

学习目标

安排学生参观星级饭店，学习中餐开餐前的准备工作，重点观察、记录准备工作中的餐巾折花环节，体会饭店工作人员对餐巾折花选择和运用的能力。将学生事先分成小组，进入饭店宴会部，带着问题去观察：小型宴会在花型的选择、摆放方面有哪些要求。先在小组内进行讨论、交流，然后进行全班交流。在交流会中，各组根据自己的观察，总结各自餐厅花型选择和运用的情况，并提出小组的困惑或疑问。

通过对小型宴会餐厅中餐巾折花安排的观察学习，使学生对小型宴会餐厅中餐巾折花的要求具备感性认识，了解小型宴会餐厅中餐巾折花选择和摆设的要求，能掌握餐巾折花选择和摆设的知识，在实际中会操作。

学习准备

（1）全班分为4个小组，每组由一名学生负责。

（2）每位学生带上笔和笔记本，每小组至少有一台数码相机。

（3）对每位学生进行进入饭店前的安全守纪教育，所有学生的参观活动以不影响饭店正常工作为前提。

（4）以组为单位完成学习心得。

（5）训练时间安排：4学时。

情景设置

某中餐厅晚餐时间，在某包厢举行一桌小型宴会。几个早到的客人正在闲聊等候就餐。有个客人无意中把玩着餐具，他突然像发现新大陆般，说：“咦，这些餐巾花各不相同吗！这个是只鸟吧，那个像朵花。有趣，有趣。”他这么一说，大家都注意看了起来，他们发现每个人面前的花型各不相同，花型的高度也有所区别。大家带着好奇的心态纷纷欣赏着造型各异的餐巾花。

分析：在中餐小型宴会中，为了使台面丰富多彩，通常通过不同造型和不同高度的餐巾花来表现台面的立体感和宾客的身份。服务员需要掌握中餐宴会餐巾花摆设能力以便更好地为客人提供服务。

理论知识

一、餐巾花的分类

1．按餐巾花造型的外观分类

按餐巾花造型的外观来划分，可分为植物、动物、实物造型三大类。植物类：主要以花为主，还包括草、树叶等。动物类：多采用飞禽走兽形象，也有蜻蜓、蝶等昆虫以及鱼、虾等造型。实物造型类：主要有花篮、扇子、火炬等。其中，最常见的是植物类，最少见的是实物造型类。

2．按折叠方法与摆设工具的不同分类

按折叠方法与摆设工具的不同来划分，可分为杯花和盘花两大类。杯花一般需插入杯中完成造型，取出即散形；盘花造型完整，成型后不会自行散开，可放于盘中或其他盛器及台面上。

餐巾折花较多地趋向于盘花，是因为它造型完整，成型后不会自行散开，造型快速简捷、美观大方、技法简单、清洁卫生，如图 2-14 所示。

图　2-14

知识链接

环花是新出现的餐巾花形式，是将餐巾平整卷好或折叠成造型套在餐巾环内，餐巾环花通常放置在装饰盘或餐盘上，特点是简洁、雅致，如图 2-15 所示。

图　2-15

餐巾环也称为餐巾扣，有瓷制、银制、象牙制、塑料、骨制等，也可用色彩鲜明、对比感强的丝带或丝穗代替，在餐巾卷或造型中央系成蝴蝶结状再配以鲜花，如图 2-16 所示。

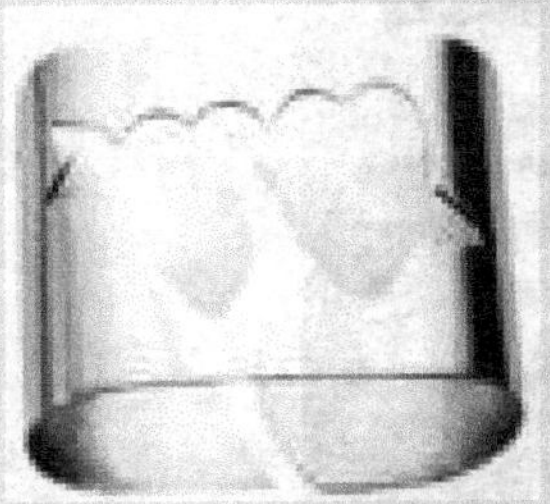

图　2-16

二、餐巾花的摆设要求

杯花多在中餐宴会使用；盘花多在西餐中使用，但现在中餐团队餐厅或零点餐厅也经常选用环花和盘花，如图 2-17 所示。

a）

b）

图 2-17

a）使用环花的宴会摆设 b）使用盘花的宴会摆设

中餐大型宴会，由于工作量大，准备时间长，一般要求折叠简单、快捷而美观的花型。只在主位折叠一较高的花型，其他位置均选用低于主位的统一的花型，如图 2-18 所示。

图 2-18

小型宴会则适合选用不同高度和形态的花型，桌面效果丰富、协调而且突出宾主身份。

（1）插入杯中的餐巾折花要掌握恰当的深度。插时要保持花型的完整，杯内部分也应线条清楚。插花时要慢慢顺势插入，不能乱插乱塞或硬性塞入。插入后，要整理一下花型。

（2）主花要摆在主位。一般餐巾花则摆放在其他宾客席上，高低均匀、错落有致。

中餐宴会座次安排图，如图 2-19 所示。

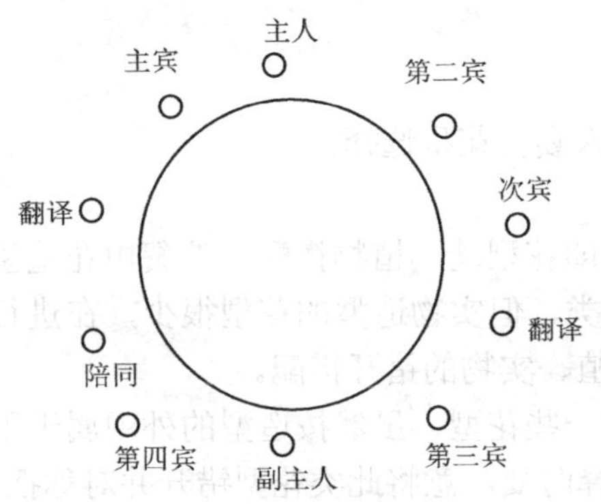

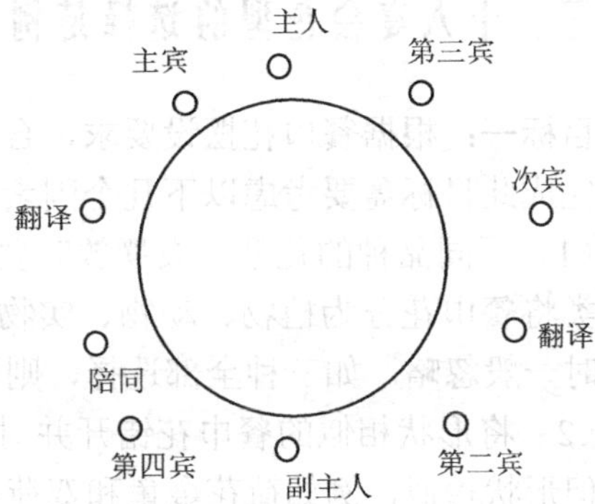

图　2-19

一般翻译、陪同的身份最低，其花型的高度也最低。选择的花型高度以贴靠杯口为宜，如图 2-20 所示。

第二、第三、第四宾为一般客人，其花型的高度为中等即可，如图 2-21 所示。

图　2-20

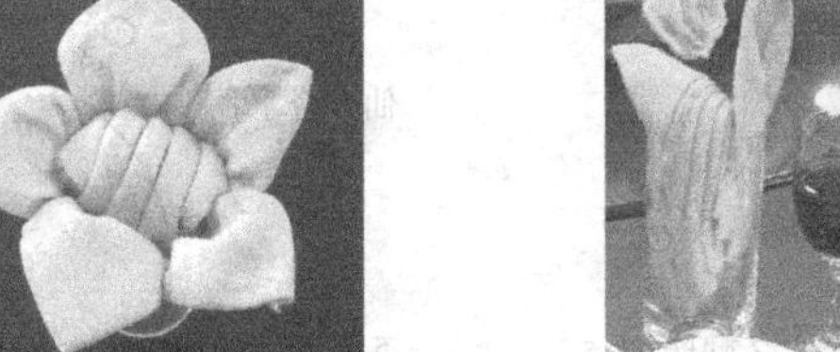

图　2-21

主宾、副主人、主人的身份较高，其花型的高度应高于其他宾客，但三者也要略有所区别，如图 2-22 所示。

（3）摆插餐巾花时，要将其观赏面朝向宾客席位。适合正面观赏的餐巾花要将头部朝向宾客。适合侧面观赏的花型要选择一个最佳的观赏角度摆放，如图 2-23 所示。

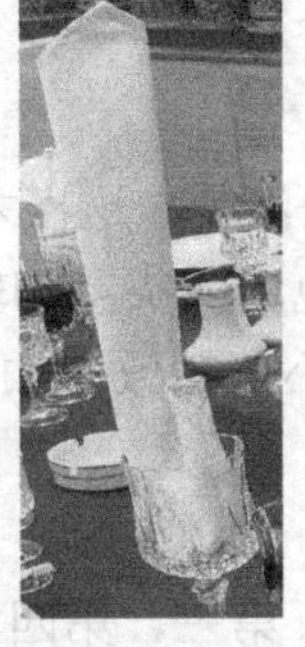

图　2-22

a）

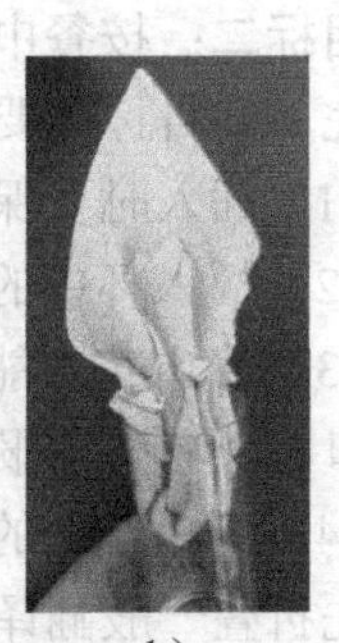

b）

图　2-23

a）侧面观赏花型　b）正面观赏花型

（4）同桌摆放时不同品种的花型要搭配得当，将形状相似的餐巾花错开并对称摆放。

（5）各餐巾折花之间要距离均匀，整齐一致。餐巾花不能遮挡台上用品，不能影响服务操作。

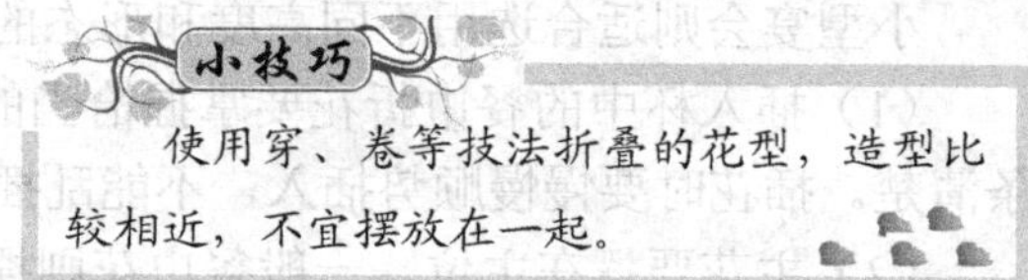

三、十人宴会花型的选择范例

目标一：根据餐巾花摆设要求，合理地进行十人宴会花型选择。

完成此目标需要考虑以下几个因素：

（1）不同品种的花型同桌摆放时要位置适当，即花型动、植物搭配。按餐巾花造型的外观分类将餐巾花分为植物、动物、实物造型等三大类，但实物造型的花型很少，在进行花型选择时一般忽略。如三种全部选择，则要注意动、植、实物的错开搭配。

（2）将形状相似的餐巾花错开并对称摆放。有一些花型，虽然按造型的外观属于不同种类，但形状相似，例如荷花金鱼和双荷花，所以选择时要注意将此类花型错开并对称摆放。

（3）主花摆在主位，一般餐巾花高低均匀，错落有致，如图2-24所示。

如果将花型的高度从高到低按1～5的高度排列，十人宴会的花型高度安排则如图2-24所示。

十人宴会最终花型选择结果，如图2-25所示。

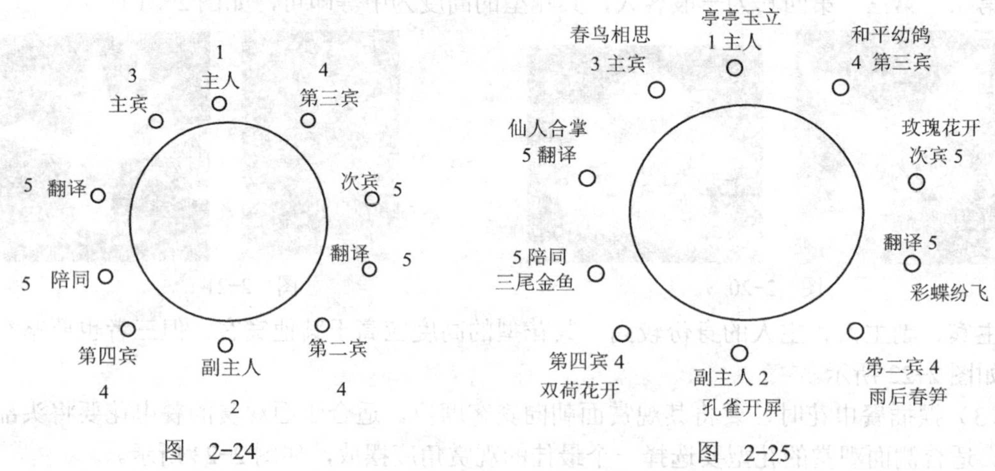

图 2-24　　图 2-25

目标二：按餐巾花摆设要求进行十人宴会花型的折叠。

完成此目标需要考虑以下几个因素：

（1）插入时要保持花型的完整，杯内部分也应线条清楚。这样才能保持花型的完美整齐。

（2）插入杯中的餐巾折花要掌握恰当的深度。避免造成头重脚轻或头轻脚重的感觉。

（3）餐巾花不能影响服务操作，折叠出的花型应小巧精致。如果花型过大，有时会遮住酒杯口，影响斟酒服务。

（4）折叠花型的顺序按照从低到高进行。

先折叠一般翻译、陪同的4个花型，再折叠第二、第三、第四宾的3个花型，接着折叠主宾的花型，然后折叠副主人的花型，最后折叠主人的花型，如图2-26所示。

图 2-26

按照上述折叠顺序考虑如下几方面：①花型的高度显示了客人的身份高低，不能出现高度混淆的现象。②餐巾花不能遮挡台上用品，这样的折叠顺序可控制其折叠出的花型高度。

目标三：按餐巾花摆设要求进行十人宴会花型的摆放。

完成此目标需要考虑以下几个因素：

（1）装盘要合理，特别注意先上桌的在上在外、后上桌的在下在内的装盘原则，如图 2-27 所示。

图 2-27

（2）摆放时注意拿水杯的下半部，摆放在桌上时声音要尽量轻。注意操作过程中轻托动作的准确。

（3）摆放餐巾花时，要将花型的最佳观赏面朝向宾客席位，如图 2-28 所示。

图 2-28

（4）摆放的各餐巾花之间距离均匀，整齐一致。

十人宴会花型安排图例，如图 2-29 所示。

图 2-29

技能训练

1．流程

根据餐巾花摆设的要求，合理地进行十人宴会花型选择的练习→十人宴会花型折叠练习→十人宴会花型摆放练习。

2．具体训练步骤指导

（1）根据餐巾花摆设的要求，合理地进行十人宴会花型选择的练习。

准备工作：学生事先要将所有学习过的花型（包括自创花型、自学到的花型）进行回忆及分类。将所有的花型名称一一写在小卡片上。

根据餐巾花摆设的要求，合理地进行十人宴会花型选择的练习。

步骤：

学生分组讨论并根据餐巾花摆设要求合理选择10种花型（抽出写有名称的卡片）

分组将所选花型卡片按餐巾花摆设要求进行模拟摆放

各小组互相纠正花型选择中的不当之处

教师进行花型选择的总结

（2）十人宴会花型折叠练习。

步骤：

学生分组合作进行折叠（按个陪同花型、个一般宾客花型、主宾花型、副主人花型、主人花型的高度顺序进行）

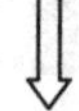

分组展示所折叠的花型，各小组互相纠正花型折叠中的不足之处

各小组对花型进行再次的修改折叠

教师进行花型折叠中出现的技法错误的总结和纠正

（3）十人宴会花型摆放练习。

步骤：

各组进行装盘合理、稳妥的练习

各组进行轻托摆放正确操作的练习

教师检查各组摆放是否符合要求

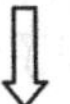

各组进行自查和互查摆放是否符合要求

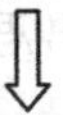

教师进行花型摆放练习中出现的操作错误的总结和纠正

技能训练注意事项

（1）以小组为单位进行训练，将全班学生平均分成若干小组（以餐厅提供的训练条件分组）。

（2）每组安排一名学生负责。

（3）操作时注意手法，符合规范。

（4）不操作时，不要玩弄餐巾布、水杯、筷子等。

（5）摆放餐巾花时注意餐巾花的观赏面朝向客人。

（6）在训练中，教师要对学生做及时的指导、纠正和点评，包括学生的操作行为规范。

学习评价

餐巾花摆设能力评价评分表，见表2-2。

表2-2　餐巾花摆设能力评价评分表

考评人		被考评人	
考评地点			
考评内容	餐巾花摆设能力		
考评标准	内　　容	分值/分	实际得分/分
	十人宴会花型选择合理，符合餐巾花摆设要求	40	
	十人宴会花型折叠技法准确	30	
	十人宴会花型摆放准确，符合摆设要求	30	
合　　计		100	

注：1. 考核满分为100分，60～69分为及格；70～79分为中等；80～89分为良好；90分及以上为优秀。

2. 该成绩以小组为单位进行计算。组内成员成绩相同。

任务三　中餐宴会餐巾花选择和摆设训练

学习目标

安排学生参观星级饭店，学习中餐开餐前的准备工作，重点观察、记录准备工作中的餐巾折花的环节，体会饭店工作人员对餐巾折花选择和运用的能力。事先分成小组，带着问题去观察：不同主题的宴会厅在花型的选择方面有哪些不同，花型在摆放时有哪些要求。先在小组内进行讨论、交流。然后进行全班交流，了解其他小组花型的选择和安排。在交流会中，各组根据自己的观察，总结各自宴会厅花型选择和运用的情况，并提出小组的困惑或疑问。全班交流后，针对各小组交流情况，老师提出思考问题：

（1）餐巾花型的选择和哪些因素有关？

（2）选择适当的花型后，如何合理地摆放？

自主学习相关的理论知识后，带着两个问题，再次进入饭店，重点观察、记录准备工作中的餐巾折花选择、摆放的环节。

重新安排小组（以学生不重复进入同一类型宴会厅为原则），总结小组的观察、学习心得，并再次进行全班交流。

通过对不同主题宴会中餐巾折花安排要求的观察学习，使学生对不同主题宴会餐巾折花的安排要求具备感性认识，了解不同主题宴会餐巾折花选择和摆设的要求，能掌握餐巾折花选择和摆设的知识，在实际情况中会进行操作。

学习准备

（1）全班分为4个小组，每组由一名学生负责。

（2）每位学生带上笔和笔记本，每小组至少有一台数码相机。

（3）对每位学生进行进入饭店前的安全守纪教育，所有学生的参观活动以不影响饭店正常工作为前提。

（4）以组为单位完成学习心得。

（5）训练时间安排：4学时。

情景设置

某中餐饭店晚餐时间，宴会厅正在举行寿宴。寿宴的主角是一位80岁的老人，老人接受着亲戚朋友的祝福，笑不拢口。闲暇中，老人看着整个宴会厅，他叫住正在忙碌的值台服务员，问到：“小姑娘，我的桌上和其他的桌上好像有点不同啊！”值台服务员一听，看看桌上，明白了老人的意思，向老人解释说：“老寿星，今天您大寿，您的桌上我们特地叠了祝寿圣桃、生日蜡烛、仙鹤延年等花型，代表我们饭店和工作人员对您的祝福。其他桌子因为数量多，叠了简单的花型。”听了值台服务员的介绍，老人非常开心。

分析：在中餐主题宴会中，为了突出主题使台面丰富多彩，通常通过选择和宴会主题相搭配的餐巾花来突出主题，例如婚宴选用比翼双飞、花好月圆等名称的花型。服务员需要掌握中餐宴会餐巾花选择和运用的能力以便更好地为客人提供服务。

理论知识

一、花型选择和运用的原则

1. 根据宴会性质来选择花型

欢快热烈的宴会如庆贺宴、生日宴和一些普通宴会适合将餐巾折叠成花、鸟、鱼、虫等，与宴会气氛相适应。生日宴可折成寿桃、仙鹤等，客人观赏后心情舒畅。而气氛庄重的、礼仪较高的宴会则适合折叠安静、平稳的花型，如荷花、树叶、领带、方块、僧帽等，给与会者一种庄重、平和的感觉。

2. 根据宴会规模来选择花型

小型宴会可选用各种不同的花型，可摆放花、鸟、鱼、虫等，席面上的折花形状各异，丰富多彩，形成既多样又协调的布局。而大型宴会宜选用简单、快捷、挺括美观的花型，可折成荷花、树叶、白菜等简单花型，给宾客一种整齐、美观、庄重、高雅之感。

3. 根据花式冷拼来选用与之相配的花型

以海鲜为主的宴席，可选用鱼虾的花型；上蝴蝶冷盘，可选用花卉的花型，形成花丛彩蝶的画面；用荷花冷盘的宴会桌，要选配各式花类的花型，把餐桌设计成“百花齐放、争相斗艳”的情趣。

4. 根据时令季节来选择花型

餐巾色泽基本是白色，有色彩的餐巾能给就餐环境增添欢悦热烈的气氛。春、冬季可选用暖色系的餐巾布，如粉红、橘橙色等，给人富丽堂皇、兴奋热烈的感觉。夏、秋季选用冷色系的餐巾布，如淡蓝、浅绿等，有平静、舒适、凉爽之感。

根据时令季节选用不同名称的餐巾花。春天可选用春芽、玫瑰等类型；夏天选用荷花、玉兰等类型；秋天选用枫叶、海棠等类型；冬天选用冬笋、梅花等类型，使台面富有时令感。

5. 根据宴会宾客身份、宗教信仰、风俗习惯和爱好来选择花型

要研究来自世界各地的客人的喜好，例如，日本客人喜欢樱花，忌讳荷花；美国客人喜欢山茶花，忌讳蝙蝠；法国客人喜欢荷花、百合花，忌讳菊花；英国客人喜欢蔷薇；信仰佛教的客人则喜欢僧帽等。

6. 根据宾主席位的安排选择花型

主花即宴会主人席位上的餐巾花。为了使宴会的主位更加突出，主花要选择美观、醒目的花型。

二、十人宴会花型的选择和运用范例

情景：某餐厅即将迎来一批日本友好访问团，为了表示欢迎，中方特意安排了欢迎晚宴，计划选择淮扬菜系中的乾隆宴，主、宾一共是 10 人，如果你是餐厅服务员，你会怎样选择和运用餐巾花？

（1）餐巾花颜色选择。

考虑因素：日本人大多数信奉神道和佛教，他们不喜欢紫色，认为紫色是悲伤的色调；最忌讳绿色，认为绿色是不祥之色。他们对白色感情较深，视其为纯洁的色彩，还钟爱黄色，认为黄色是阳光的颜色，给人以生存的喜悦和安全感。

颜色上禁用紫色、绿色，根据餐厅乾隆宴的辉煌华丽的场景，选择采用金黄或红色的餐巾布最为妥当。

（2）餐巾花花型搭配，如图2-30所示。

考虑因素：日本人忌讳荷花，认为荷花是丧花，并认为梅花为不祥之花。不愿接受有菊花或菊花图案的东西或礼物，因为它是皇室家族的标志。日本人喜欢的图案是松、竹等。他们喜欢乌龟和鹤类、龙凤等动物，认为这些动物给人以吉祥和长寿的寓意。樱花是日本的国花，他们喜爱樱花纯洁、清雅和高尚的风姿，喜爱樱花给人们带来美好的春光和那种毫不迟疑地开落的豪爽性格，他们视樱花为日本民族的骄傲，把樱花作为勤劳、勇敢、智慧的日本人民的象征。

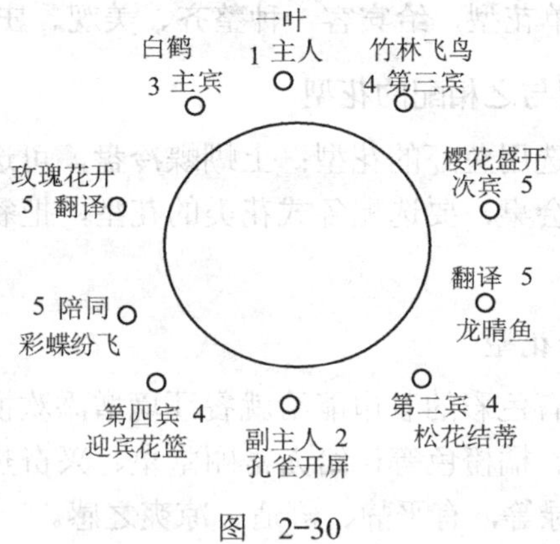

图 2-30

在花型选择和运用中，有日本人喜欢的花型，如白鹤、樱花等；有象征欢迎的花型，如迎宾花篮；还有具有中性意义但代表美好事物的花型，如玫瑰等。通过多种类型花型的组合，表达了对日本客人的欢迎之情。

在花型的摆设中，按照餐巾花摆设要求考虑花型的品种搭配、高低错落等因素。

技能训练

1．流程

餐巾花选择和运用能力练习→餐巾花摆设能力练习

2．具体训练步骤指导

（1）餐巾花选择和运用能力练习。

准备工作：事先准备好卡片，卡片上有不同餐饮形式的各种情况与问题，有小型婚宴、小型圣诞宴、迎宾宴、小型春节宴会四种类型。

步骤：

各组选择其中一种宴会形式进行花型选择和运用的讨论

四个小组各选派一位学生，代表本小组进行阐述，其他三组就阐述进行提问、探讨选择和运用的合理性

四个小组根据其他小组的意见再次进行讨论、修改，最终确定本小组的选择花型

教师进行花型选择和运用能力的总结

（2）餐巾花摆设能力练习。训练步骤见本项目任务二中餐宴会餐巾花摆设训练。

技能训练注意事项

（1）以小组为单位进行训练，将全班学生分成4组。
（2）每组安排一名学生负责，小组合作完成。
（3）在训练中，教师要对学生做及时的指导、纠正和点评，包括学生的操作行为规范。
（4）引导学生讨论内容具有针对性。
（5）不操作时，不要玩弄餐巾布、水杯、筷子等。

学习评价

餐巾花选择、摆设能力评价评分表，见表2-3。

表2-3　餐巾花选择、摆设能力评价评分表

考评人			被考评人	
考评地点				
考评内容	餐巾花选择、摆设能力			
	内容		分值/分	实际得分/分
考评标准	根据餐饮类型针对性地选择花型	花型的选择主题明确	60	
		花型的品种搭配合理		
		花型的高度符合要求		
	花型折叠时技法准确		20	
	花型摆放符合摆设要求		20	
合计			100	

注：考核满分为100分，60～69分为及格；70～79分为中等；80～89分为良好；90分及以上为优秀。

项目三　铺台布训练

在餐饮服务中，如果将摆台比喻成餐饮服务的灵魂，那么，铺台布就是展示摆台技能初始程序的一个亮点，它对整个摆台效果的展示起到了至关重要的作用。

任务　台布铺设的方法

学习目标

通过本任务理论知识的学习，了解台布的主要种类、规格，熟练掌握几种常见的台布铺设方法、更换台布的步骤及铺设台布的具体要求。

通过本任务技能训练的练习，培养优质高效的服务意识，将所学技能娴熟地运用到实际工作之中。

学习准备

（1）场地准备：餐饮训练实习室。

（2）分组准备：将学生分成若干个小组，每组推举一名组长。

（3）物品准备：每组配直径 180cm 圆形餐桌 1 张，餐椅 10 张，直径 220cm 圆形台布 1 块。

（4）学时安排：4 学时。

情景设置

某旅游学校王老师组织服务专业学生去某星级大酒店实习。晚宴开始前，实习学生与“师傅”们开始为晚宴作准备。学生们按照“师傅”的要求开始铺台布，当他们铺好一张台布时，“师傅”们早已将第二张台布铺好，学生们看见一张张雪白的台布伴随着一次次潇洒的抛抖动作准确到位地落在餐桌上时，不禁被“师傅”们高超的技艺所折服。此时，学生们迫切地想知道如何准确地铺设一张台布。

理论知识

一、台布的样式及铺设规格

1. 台布的种类

台布的种类很多，从台布的质地来看，有全涤、涤棉、纯棉等；从台布的图案来看，有团花、散花、装饰布及工艺绣花等；从台布的色调来说，主要分冷色系（如白色、绿色）和暖色系（如粉色、红色、黄色），餐厅大多使用白色台布；从台布的形状来看，有正方形、长方形、圆形及异形等。选择台布要同餐厅的风格、装饰及周围环境相协调。

知识拓展

正方形台布常用于方台和圆台，长方形台布用于西餐各种不同的餐台，圆形台布主要用于中餐圆台，高档的宴会则多采用多层两种形状以上的台布。

知识链接

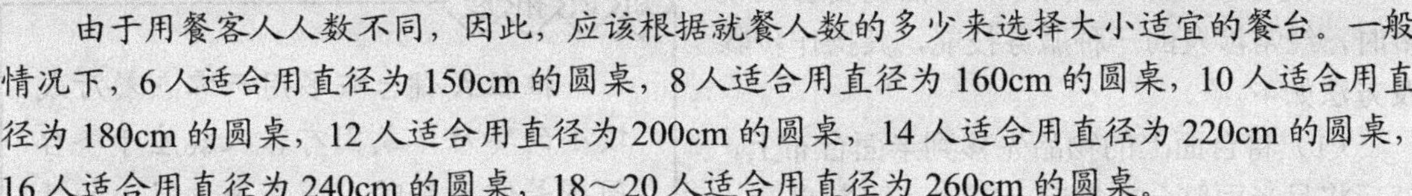

由于用餐客人人数不同，因此，应该根据就餐人数的多少来选择大小适宜的餐台。一般情况下，6 人适合用直径为 150cm 的圆桌，8 人适合用直径为 160cm 的圆桌，10 人适合用直径为 180cm 的圆桌，12 人适合用直径为 200cm 的圆桌，14 人适合用直径为 220cm 的圆桌，16 人适合用直径为 240cm 的圆桌，18～20 人适合用直径为 260cm 的圆桌。

2．台布的铺设规格

台布的规格有多种，使用时应根据餐桌的大小选择适当规格的台布：160cm×160cm 的台布适用于直径为 90～110cm 的圆台上；180cm×180cm 的台布适用于直径为 150cm、160cm 的圆台上；200cm×200cm 的台布适用于直径为 170cm 的圆台上；220cm×220cm 的台布适用于直径为 180cm 或 200cm 的圆台上；240cm×240cm 的台布适用于直径为 220cm 的圆台上；260cm×260cm 的台布适用于直径为 240cm 的圆台上。

二、台布的常见铺设方法

台布铺设是将台布准确而平整地铺设在餐桌上的过程，中餐圆台铺台布常用的方法有以下 3 种：

（1）推拉式铺台：站在主人位或副主人位处，用双手将台布打开后放至餐台上，台布凸面向上，左右两手捏住台布的一边，两手与台布中缝线距离约 50cm，将台布夹在除拇指外的其他四指内，将台布贴着餐台面平行推出去再拉回来，使台布中心与餐台中心吻合。

（2）抖铺式铺台：站在主人位或副主人位处，用双手将台布一次性打开，平行打折后将台布提拿在双手中，身体呈正位站立式，利用双腕的力量，将台布向前一次性抖开，在台布落桌和向回拉动的过程中以中线为参照，调整台布的位置并进行准确定位，使台布中心与餐台中心吻合。

（3）撒网式铺台：站在主人位或副主人位处，离桌边约 40cm，呈右脚在前、左脚在后的站立姿势，用双手将台布打开，凸面向上，用手指抓住台布平行打折后，双手提起至胸前，双臂与肩平行，上身向左转，下肢不动并在右臂与身体回转时，台布斜着向前撒出去，如同撒渔网一样，将台布抛至前方时，上身转体回位并恢复至正位站立，然后再将台布拉回，使台布中心与餐台中心吻合。

知识链接

一般情况下，较高规格的宴会应该在圆桌外沿围上桌裙，以示华丽和尊贵，如图 3-1 所示方法：一人或两人配合，将桌裙打成折裥，进行折叠，把折叠的台裙抱在左手臂上，右手扶桌裙的边缘按顺时针方向用尼龙搭扣或夹子将台裙边固定在餐桌的边缘。同时用尼龙搭扣或按钉，将桌裙固定在餐桌或台布上。

图 3-1

三、更换台布的步骤

更换台布，即“翻台”，是在就餐客人较多时，经常涉及的一种服务技能，其操作步骤及方法如下。

（1）将台面上的物品先移到半面台布上，然后将另半面脏台布掀起，露出半张餐桌。

（2）把台面上的用品从台布上移到露出的半面餐桌上，将台布卷起。卷脏台布时，注意将脏物包好，避免洒落在座位或地面上。

（3）在空出的半张餐桌上铺上干净的台布，台布中间折缝与餐桌中线重合。将对折台布的上半面折起，然后将原先留在餐桌上的用品移到已铺好的台布上。

（4）把折起的上半面台布完全打开铺平，按规定摆好各种餐具。

> **知识拓展**
>
> 推拉式铺台布多用于零点餐厅或较小的餐厅，或因有客人就座于餐台周围等候用餐时，或在地方窄小的情况下。抖铺式铺台布适合于较宽敞的餐厅或在周围没有客人就座的情况下进行。撒网式铺台布多用于宽大场地或技术比赛场合。

四、铺设台布的具体要求

（1）服务员在铺台布之前，要检查仪容仪表，洗净双手，并对每一块台布进行仔细检查。若发现有破损、油污和皱折的台布，要立即调换。

（2）铺台布时，台布不能触接地面，夹在拇指和食指间的台布要适当，推、抖、撒时用力适当，距离适度。

（3）准备工作做好以后，服务员站在主位线或小位线上任何一个位置，距桌边约40cm，将台布打开并提好，身体略向前倾，朝第一主宾方向轻轻向前抖去，做到用力得当，动作熟练，一次性抖开并铺设到位。

（4）台布的正面凸缝朝上，中心线直对正、副主人位，台布中间十字折缝的交叉点应与餐台中心点吻合，台布与地面等距自然下垂，铺好的台布应平整无皱纹。

（5）铺设台布时，动作要优美大方，潇洒自然。

（6）正式宴会多层台布的铺台，最底层台布铺设同上，最上层台布要两个人合作铺设；豪华包间的大餐台台布的铺设也要两个人共同铺设。

技能训练

1．流程

铺台布准备工作练习→推位式铺台练习→抖铺式铺台练习→撒网式铺台练习。

2．具体训练步骤指导

要求：

1）推拉式铺台：选择好台布→选择好站位→用双手将台布打开后放至餐台上→将台布贴着餐台表面平行推出去再拉回来→准确定位。

2）抖铺式铺台：选择好台布→选择好站位→用双手将台布一次性打开，平行打折→提在双手，身体呈正位站立式→向前抖开并平铺于餐台→准确定位。

3）撒网式铺台：选择好台布→选择好站位→右脚在前、左脚在后→用双手将台布打开，平行打折→双手提起至胸前，上身向左转，下肢不动并在右臂与身体回转→向餐桌中心位置方向撒开→准确定位。

步骤：

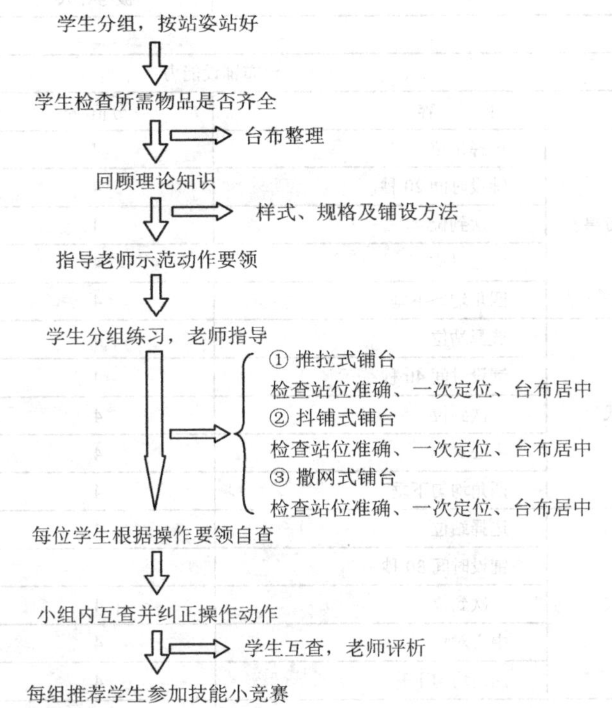

技能训练注意事项

1．训练前的注意事项

（1）检查仪容仪表，洗净双手。

（2）仔细检查台布有无破损、污垢和皱折等现象，若有则需要立即调换。

（3）要注意自己的站位是否正确。

2．训练过程中的注意事项

（1）铺台布时，台布不能接触地面。

（2）台布的正面折缝朝上，中心折纹的交叉点应与餐台中心吻合。

（3）四角呈直线下垂状，下垂部分均等。

（4）铺好的台布应为平整无皱折。

（5）较高规格的宴会，还应该在圆桌外沿围上桌裙。

学习评价

台布铺设能力技能评价评分表，见表 3-1。

表 3-1 台布铺设能力技能评价评分表

考 评 人			被考评人	
考评地点				
考评内容	台布铺设能力			
考评标准	内 容		分值/分	实际得分/分
	零点方桌	选择站位	4	
		铺设时间 20 秒	4	
		一次到位	4	
		中心对称	4	
		四角均匀下垂	4	
	推拉式	选择站位	4	
		铺设时间 40 秒	4	
		一次到位	4	
		中心对称	4	
		四角均匀下垂	4	
	抖铺式	选择站位	4	
		铺设时间 30 秒	4	
		一次到位	4	
		中心对称	4	
		四角均匀下垂	4	
	撒网式	选择站位	4	
		铺设时间 35 秒	4	
		一次到位	4	
		中心对称	4	
		四角均匀下垂	4	
	更换台布	脏台布的撤离	10	
		新台布的更换	10	
合 计			100	

注：满分为 100 分，60～69 分为及格；70～79 分为中等；80～89 分为良好；90 分及以上为优秀。

项目四 斟酒训练

斟酒是餐厅服务工作中一项基本的服务技能，可以分为徒手斟酒和托盘斟酒两种形式，由于酒水品种繁多，各自的饮用温度、所使用的杯具、斟酒顺序、量度控制和服务方法各不相同。服务员应该熟练掌握斟酒技能。

任务一　徒手斟酒训练

学习目标

通过技能训练，使学生掌握徒手斟酒的步骤、操作方式，以圆满完成值台时的斟酒服务工作。

学习准备

（1）根据餐厅实训室的餐桌数将全班学生分为若干个训练小组，每组推举一名组长。

（2）准备相关酒水、酒具：透明玻璃敞口酒瓶每人一只（整体另备5只）；非透明陶瓷敞口酒瓶每人一只（整体另备5只）；色酒杯、白酒杯每人5只（每人另备5只课后练习使用）。

（3）场地：餐厅实训室。

（4）训练时间安排：4学时。

情景设置

星级饭店访查小组的李先生对某饭店进行暗访，晚间在该饭店包间招待几位多年不见的“好友”（即随行人员）用餐。接待李先生的是以主动、热情、耐心、周到的服务见长的服务员小王。小王热情地接待了李先生及其“好友”。酒过三巡，宾客兴致甚浓，酒意亦浓。李先生明确要求小王再上一瓶茅台酒。小王迅速去吧台取了一瓶茅台酒，并开瓶准备斟酒，但李先生的“好友”表示坚决不再喝了，李先生见“好友”态度坚决就告诉小王将茅台酒退了，小王告知李先生酒瓶已经开启不能退了，李先生说自己还没要求开瓶为什么就将酒瓶打开？小王认为自己去取之前是得到主人许可的，双方各执己见。

在开整瓶的葡萄酒和烈性酒之前，应向客人展示酒的商标，让客人验看，即“示瓶”，这样做一是请宾客核实避免差错，二是表示对宾客的尊重，三是向宾客证明酒品质量的可靠。

分析：服务员小王服务热情，按主人的要求迅速取回茅台酒是值得肯定的，但在没有“示瓶”的情况下就开了瓶，从而导致与宾客之间的纠纷。热情服务是值得肯定的，但光靠热情是不行的，要全面提高服务质量、不出差错，就必须严格按照规程去服务。

理论知识

一、酒水的基本知识

1．酒水的概念

酒是一种用粮食、水果等含淀粉或糖类的物质经发酵、蒸馏、勾兑等工艺制成的含乙醇的有刺激性的饮料。凡是含酒精成分的饮料在我国均称为酒，酒水是酒精饮料与非酒精饮料的总称。

2．中国酒的分类

严格来说，中国酒仅分为白酒和黄酒，葡萄酒和啤酒是从外国引进来的。

（1）按酒的原料特点分类，中国酒分为白酒、黄酒、啤酒、果酒和药酒。

（2）按酒精含量分类，中国酒分为高度酒（酒精度数在 40%vol 以上）、中度酒（酒精度数在 20%～40%vol）和低度酒（酒精度数在 20%vol 以下）。

（3）按酒的生产工艺分类，中国酒分为蒸馏酒、酿造酒和配制酒。

我国盛产茶叶，饮茶人口众多。一般来说，年轻人喜欢喝绿茶、花茶，老年人喜欢喝红茶、普洱茶。福建、广东、云南、广西一带的人喜欢喝红茶，江南一带的人喜欢喝绿茶，北方人喜欢喝花茶，西藏、新疆、内蒙等地的人喜欢喝紧压茶。中国十大名茶是西湖龙井、洞庭碧螺春、太平猴魁、黄山毛峰、六安瓜片、信阳毛尖、君山银针、安溪铁观音、凤凰水仙和祁门红茶。

3．中餐宴席常饮用的软饮料

中餐宴席常饮用的软饮料为咖啡、茶、可可、矿泉水、牛奶、果蔬汁、可乐和柠檬汽水等。

咖啡、茶、可可号称世界“三大饮料”。咖啡原产于埃塞俄比亚，波斯人发明了煮咖啡当饮料喝的方法。著名的咖啡饮品有清咖啡、法式咖啡、土耳其咖啡、皇家咖啡等。我国是世界上最早以茶叶作为饮料的国家，茶叶有绿茶、红茶、清茶、白茶、黄茶、黑茶、花茶、紧压茶等种类。可可原产于美洲热带，我国广东、台湾等地有栽培，可可豆是制作巧克力糖的主要原料。

4．酒水饮用温度

多数酒水适宜在室温下饮用，少数酒水的饮用对温度还有要求，或要冰镇，或要温热。啤酒最佳饮用温度为 8～10℃，白葡萄酒最佳饮用温度为 8～12℃，葡萄汽酒最佳饮用温度为 6～8℃，黄酒通常将其温热至 60℃左右饮用口感最佳。

冰镇的方法通常有用冰块冰镇和冰箱冷藏冰镇两种，整瓶的白葡萄酒、葡萄汽酒和玫瑰露酒需用冰桶放入冰块冰镇，啤酒和软饮料需提前放入冰箱冷藏冰镇。温热黄酒的方法主要是水烫法，即将黄酒倒入烫酒壶内，再将烫酒壶放入蓄有开水的烫酒器内温热至规定的温度。

二、斟酒的准备工作

1．酒水的准备

（1）检查酒水。主要检查酒水的品种是否齐全，数量是否适度，质量是否合格。

（2）酒水预处理。控制最佳饮用温度，获取更好饮用效果。

2．酒具的准备

酒具是斟酒服务的必备用品。晶莹剔透的酒具不仅能增添餐厅用餐的气氛，还能更好地发挥酒水的特性。餐厅准备的酒具种类、规格要与其经营的酒水种类相配。

知识拓展

由于酒水品种繁多，饮用要求的温度、盛载的杯具也不尽相同，如啤酒杯的容量大、杯壁厚，可较好地保持啤酒的冰镇效果；葡萄酒杯做成郁金香花型，斟倒五成或七成，使酒与空气保持充分接触，让酒香更好地发挥；中国烈性酒杯容量较小，使杯中酒更显名贵与纯正。中餐厅常用的杯具主要有：香槟杯、高脚饮料杯、白葡萄酒杯、红葡萄酒杯、白兰地杯、古典杯、雪利杯、烈性酒杯、果汁杯、直身饮料杯等。

3．示瓶

图 4-1

在酒水开封前，一定要请顾客确认所点酒水，在确认无误后方可开瓶，然后进行酒水斟倒服务。方法：服务员站立在点酒宾客的右侧，左手持一块折叠好的餐巾托瓶底，右手扶瓶颈，将酒的商标朝向宾客，请宾客确认酒水商标、品名，如图 4-1 所示。

4．开瓶

（1）正确选用开瓶器。世界各国酒水的种类很多，包装方式也各不相同，常见的酒瓶封口的方式有瓶盖和瓶塞两种，开瓶器有两种类型：一种是专门开启软木瓶塞的酒钻，即开塞钻；另一种是开启瓶盖用的启盖扳手，即酒起子。目前，开塞钻和酒起子的式样很多，选用的原则是开启方便与耐用，如图 4-2 所示。

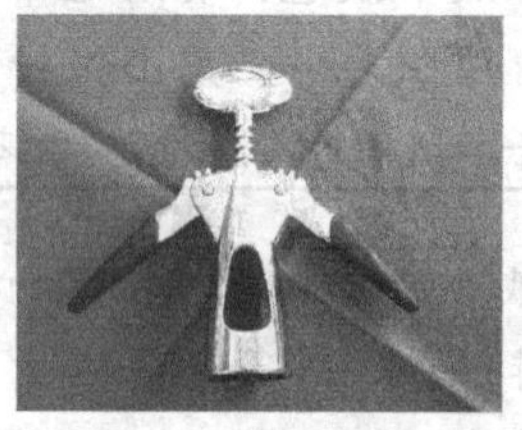  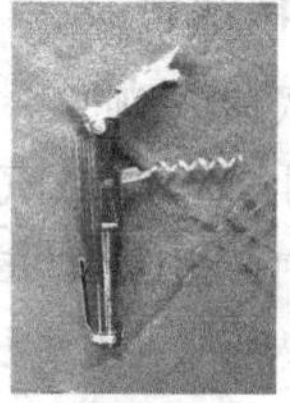 

图 4-2

（2）酒瓶开启方法。开酒一般都由服务员在操作台上进行，开酒时的手法应准确、敏捷、果断，动作要轻，尽量减少瓶体晃动，避免汽酒冲冒、陈酒沉淀物窜腾等现象发生。开拔软木塞的声音越轻越好，高雅严肃的场合更应注意。

（3）开启瓶塞（盖）以后，对拔出来的软木塞要进行检查，原汁发酵酒的检查尤为重要，目的是看有无病酒或坏酒。检查方法是嗅辨，以嗅闻瓶塞插入瓶内的那部分的气味是否正常。

（4）开启瓶塞（盖）后，要用干净的餐巾仔细擦拭瓶口，将积垢脏物擦除，擦拭时，注意不要将污垢落入酒瓶中。

图 4-3

（5）开瓶后的封皮、木塞、瓶盖等杂物，不要直接放在桌子上，可以放在小盘子里；操作完毕后一起带走，不要将其留在宾客的餐桌上，如图 4-3 所示。

（6）无论开启何种瓶装酒水，开口的方向应朝着自己，并用手遮掩，以示对宾客的尊重。

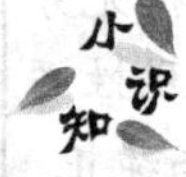

开啤酒瓶用酒起子。首先将酒瓶瓶身擦干净，将酒瓶放在桌子的平面上，左手固定瓶身，右手持酒起子，轻轻地将瓶盖打开。

开葡萄酒瓶用酒钻，如图 4-4 所示。先用开瓶刀将瓶口上的铅封箔切开剥掉，并用洁净的餐巾将瓶口的污迹擦净，用酒钻垂直对准瓶塞的中心顺时针方向轻轻地钻进木塞，直至将螺旋部分全部钻入，用杠杆原理将瓶塞慢慢拔出。

开灌装酒水拉拉环。首先将酒罐表面冲洗干净，擦干，左手固定酒水灌，用右手拉酒水灌上面的拉环，打开其封口，但不可对着客人拉。

开香槟酒或葡萄汽酒用手。将香槟酒从冰桶中取出并将瓶身擦干净，在示瓶并得到宾客的确认后，将瓶身倾斜 60° 左右，用左手大拇指紧压塞顶，右手扭开瓶口处的铁丝，然后左手顺时针轻轻转动瓶身，右手握住木塞，轻轻地将木塞往外拔，靠瓶内的压力和手拔的力量将瓶塞取出，再保持倾斜数秒，防止酒液溢出。注意瓶口不要朝向宾客，以防木塞或酒液冲向宾客。

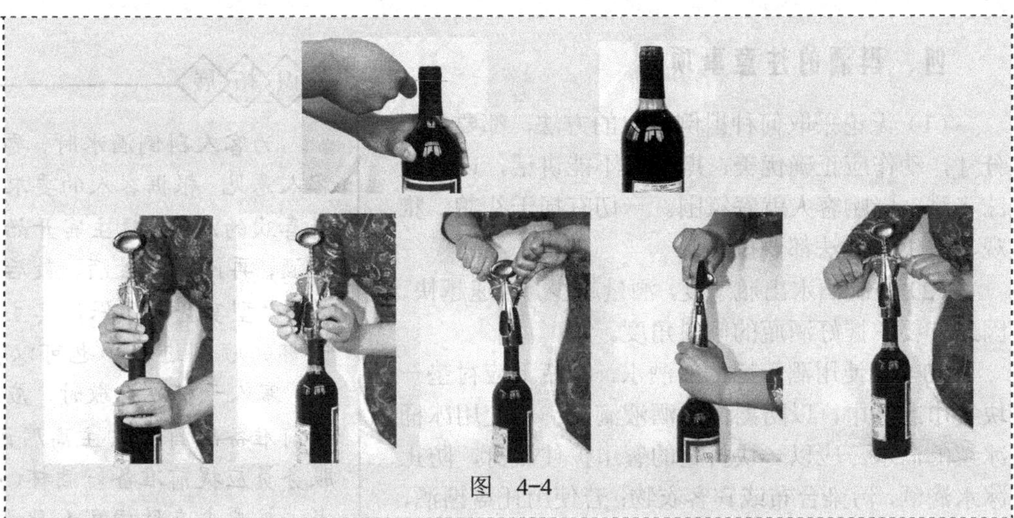
图 4-4

三、徒手斟酒的要领

1．徒手斟酒的姿势与位置

徒手斟酒时，服务员侧身站在宾客的右后侧，左手持服务巾，背于身后，右手握酒瓶的下半部，商标朝外，正对客人，右脚跨前踏在两椅之间，在客人右侧斟倒酒水，如图 4-5 所示。

图 4-5

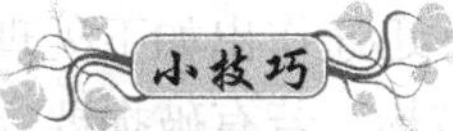

斟酒时瓶口以相距杯口 1～2cm 左右为宜，以防止将杯口碰破或将酒杯碰倒。但也不可相距过远，以避免酒水溅出杯外。

停、抬、转是斟酒过程中的一个连惯性的操作过程，即斟酒完毕后略作短暂的停顿，抬起瓶口的同时顺时针方向转动酒瓶 90°，如图 4-6 所示使最后一滴酒均匀分布在瓶口边沿上，也可用左手所拿的服务巾把残留在瓶口的酒液擦掉，以免酒液污染台布或宾客衣物。

图 4-6

2．中餐宴会的斟酒顺序

一般情况下，斟酒从主宾开始，按顺时针方向绕台依次进行。若是两位服务员同时服务，则一位从主宾开始，另一位从副主宾开始，同时按顺时针方向进行。

西餐酒水服务主要分为餐前酒水服务、佐餐酒服务、甜食酒服务和餐后酒服务几个阶段，几乎每道菜跟配一种酒，其宴会斟酒顺序：女主宾、女宾、女主人、男主宾、男宾、男主人。

3．斟酒量的控制

斟酒量的标准应视酒品的种类而变。白酒（烈性酒类）、黄酒及软饮料斟八成满；红葡萄酒斟五成满；白葡萄酒斟七成满。

香槟酒要分两次进行，先斟至酒杯的 1/3 处，待泡沫消失后，再斟至酒杯的 2/3 即可。斟啤酒时应使酒液顺杯壁斟倒，分两次进行，以泡沫不溢出为准。

四、斟酒的注意事项

（1）无论采取何种斟倒酒水的方法，都要掌握分寸，动作应正确优美，斟酒时不能讲话，以免吐沫飞溅，影响客人就餐氛围。一切有损于礼貌、雅观、卫生的做法都要摈弃。

（2）控制酒水出瓶速度，酒量越少，流速越快，因此，要掌握好酒瓶的倾斜角度。

（3）若使用酒篮斟倒的酒水，酒瓶下应衬垫一块餐巾或纸巾，以防斟倒时酒液滴出；若使用冰桶冰镇的酒水，应以一块折叠的餐巾护住瓶身，防止冰水滴洒，污染台布或宾客衣物；若使用托盘斟酒，左臂要将托盘向外托送，避免碰到宾客。

（4）若因操作不慎而将宾客酒杯碰翻时，应立即向宾客表示歉意，并迅速作出如下处理：迅速将酒杯扶起，检查有无破损，若有破损要立即更换新杯；若无破损，应将酒杯放还原处，重新斟上酒水，并用餐巾或香巾帮助客人清洁，整理台面。若是客人自己不慎将酒杯碰破、碰倒，服务员也应该这样做。

知识拓展

为客人斟倒酒水时，要先征求客人意见，根据客人的要求斟倒各自喜欢的酒水，从主宾开始先斟葡萄酒，再问斟烈性酒，最后问斟饮料。大型宴会为了保证宾主致词和干杯的顺利进行，也可以提前斟倒。客人干杯或互敬时，应迅速到台前准备斟酒；宾、主离席讲话时，服务员应提前准备好酒杯，斟好酒水，按要求在致词客人身旁等候，致辞完毕，迅速递上酒杯，以应举杯祝酒；主人或主宾到各台敬酒时，值台员要准备酒瓶跟随主人或主宾准备添酒，宾客要求斟满时，应予以满足。

（6）至于握瓶的方法和姿势，各国各地区之间不尽相同。例如，西欧各国主张手掌握在酒标上，而我国则习惯于手握酒标的另一方向，使酒标对准宾客。

技能训练

1．流程

斟酒准备工作练习→徒手斟色酒练习→徒手斟白酒练习。

2．具体训练步骤指导

（1）斟酒准备工作练习。

内容：酒水酒具准备、示瓶、开瓶。

要求：酒水、酒具齐备；示瓶方法正确；开瓶动作娴熟，瓶口完整，木塞完好。

注意：轻拿轻放、手法卫生、动作优雅。

步骤：

教师演示准备工作全过程

⇩

学生根据酒水准备操作要领自查动作

⇩

各组讨论操作过程中出现的问题，并进行纠正

⇩

教师针对操作过程中出现的问题进行评析总结

（2）徒手斟色酒练习。

内容：侧身站在宾客的右后侧，左手拿服务巾背于身后，右手握酒瓶的下半部分，斟酒时瓶口距杯口上方1～2cm左右，将酒瓶的商标朝向客人，手臂前伸，右脚跨前踏在两椅之间，身体不能接触宾客。

要求：先斟主宾，商标朝向宾客，顺时针方向斟倒；斟五成满；不滴不洒，不少不溢，如图4-7所示。

图 4-7

注意：商标朝向客人；停、抬、转三个动作要连贯；分别用玻璃酒瓶和非透明瓷瓶训练以逐渐增加难度；每个餐位前十只酒杯按等边三角形摆放，以观察酒水斟倒的均匀度等。

步骤：

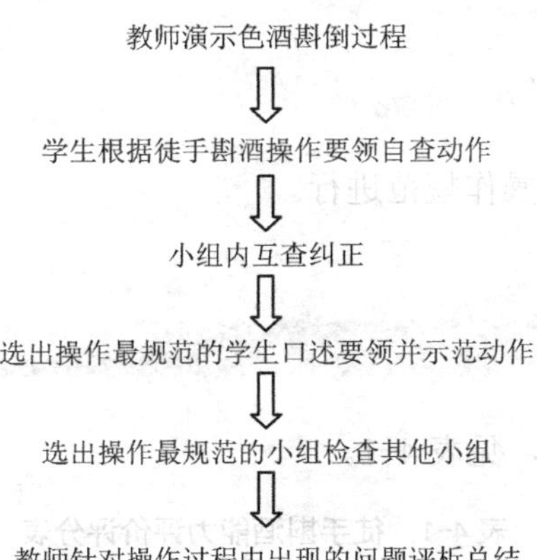

（3）徒手斟白酒练习。

内容：侧身站在宾客的右后侧，左手拿服务巾背于身后，右手握酒瓶的下半部，斟酒时瓶口距杯口上方1～2cm左右，将酒瓶的商标朝向客人，手臂前伸，右脚跨前踏在两椅之间，身体不能接触宾客。

要求：先斟主宾，商标朝向宾客，顺时针方向斟倒；斟八成满；不滴不洒，不少不溢，如图4-8所示。

图 4-8

注意：商标朝向客人；停、抬、转三个动作要连贯；分别用玻璃酒瓶和非透明瓷瓶训练以逐渐增加难度；每个餐位前十只酒杯按等边三角形摆放，以观察酒水斟倒的均匀度等。

步骤：

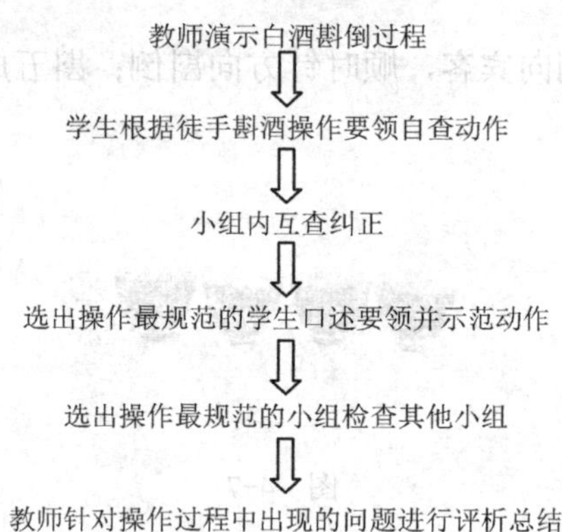

技能训练注意事项

（1）动作优雅，仪态大方。
（2）训练时注意安全。
（3）严格按照操作流程、操作规范进行。

学习评价

徒手斟酒能力评价评分表，见表4-1。

表4-1 徒手斟酒能力评价评分表

考评人		被考评人	
考评地点			
考评内容	徒手斟酒能力		
考评标准	内容	分值/分	实际得分/分
	酒水、酒具准备，示瓶，开瓶动作娴熟，瓶口、木塞完好	10	
	先斟主宾，商标朝向客人，顺时针方向斟倒，瓶口与杯口相距1～2cm左右，旋转收口	20	
	色酒斟五成，白酒斟八成	35	
	不滴不洒，不少不溢	25	
	动作优雅，仪态大方	10	
合计		100	

注：考核满分为100分，60～69分为及格；70～79分为中等；80～89分为良好；90分及以上为优秀。

任务二　托盘斟酒训练

学习目标

通过技能训练，使学生掌握托盘斟酒的步骤、操作方式，以顺利完成值台时的托盘斟酒任务。

学习准备

（1）根据餐厅实训室的餐桌数将全班学生分为若干个训练小组，每组推举一名组长。

（2）准备相关酒水、酒具：中圆形托盘每人一只；透明玻璃敞口酒瓶每人一只（整体另备5只）；非透明陶瓷敞口酒瓶每人一只（整体另备5只）；色酒杯、白酒杯每人5只（每人另备5只课后练习使用）。

（3）场地：餐厅实训室。

（4）训练时间安排：4学时。

情景设置

服务员小张在某VIP包间值台，她见女主人酒杯中的酒水不足1/3时，前往女主人位征询是否添加酒水。此时，女主人突然起身敬酒，这一突然的动作让小张有点措手不及，差点把托盘掀翻，幸亏反应及时才避免了重大失误。女主人敬完酒后，小张在给女主人斟酒时却意外碰翻了酒杯。小张一边向客人致歉，一边用餐巾吸干台面上的酒水，并在潮湿的地方铺上干净的餐巾，还为女主人更换了干净的酒杯。宾客不但没责怪小张，还帮助小张一起整理。宴席继续进行。

分析：事后总结失误时，小张自己分析：以前一直都是徒手斟酒，现在突然用托盘斟酒，还未适应，加上臂力不够，本来就有一点紧张，再加上客人的突然行为，失误就此产生。

俗话说："曲不离口，拳不离手。"技能训练也一样，应多加练习，且全面掌握技能。服务员不但要掌握徒手斟酒技能，还要学会托盘斟酒技能。

理论知识

一、托盘斟酒的姿势与位置

托盘斟酒时，服务员侧身站在宾客的右后侧，身体前倾，左手托盘，右手握酒瓶的下半部，斟酒时瓶口距杯口上方1~2cm左右，将酒瓶上的商标朝向客人，右脚跨前踏在两椅之间，如图4-9所示。

图　4-9

二、托盘斟酒的注意事项

（1）掌握托盘重心，保持平稳。

（2）斟酒时，值台员站在宾客右后侧，右脚向前，侧身而立，左手托盘，先略弯身，将托盘中的酒水饮料展示给宾客，待宾客选定，服务员直起上身，将托盘移至宾客身后，用右手从托盘上取下宾客所需酒水进行斟倒。

（3）托移托盘时，左臂要将托盘向外托送，注意托盘不可越过宾客头顶，而应向后自然拉开，避免托盘碰到宾客。

技能训练

1．流程

斟酒准备工作练习→托盘斟色酒练习→托盘斟白酒练习→托盘斟色酒、白酒综合练习。

2．具体训练步骤指导

（1）斟酒准备工作练习。训练步骤见本项目任务一徒手斟酒训练。

（2）托盘斟色酒练习。

内容：侧身站在宾客的右后侧，身体前倾，左手托盘，右手握酒瓶的下半部，斟酒时瓶口距杯口上方1～2cm左右，将酒瓶上的商标朝向客人，手臂前伸，右脚跨前踏在两椅之间，移位时右手背在身后。

要求：托盘不可越过宾客的头顶，身体不可接触宾客；先斟主宾，商标朝向宾客，顺时针方向；斟五成满；不滴不洒，不少不溢。

注意：掌握托盘重心，托盘保持在椅子外侧（各组学生中一人托盘斟酒，其余人围坐餐台充当宾客）；商标朝向宾客；酒水量度均匀，如图4-10所示。

图 4-10

步骤：

教师演示托盘斟倒色酒过程
⇩
学生根据托盘斟酒操作要领自查动作
⇩
小组内互查纠正
⇩
选出操作最规范的学生口述要领并示范动作
⇩
选出操作最规范的小组检查其他小组
⇩
教师针对操作过程中出现的问题进行评析总结

（3）托盘斟白酒练习。

内容：侧身站在宾客的右后侧，身体前倾，左手托盘，右手握酒瓶的下半部，斟酒时瓶口距杯口上方 1～2cm 左右，将酒瓶上的商标朝向客人，手臂前伸，右脚跨前踏在两椅之间，移位时右手背在身后。

要求：托盘不可越过宾客的头顶，身体不可接触宾客；先斟主宾，商标朝向宾客，顺时针方向；斟八成满；不滴不洒，不少不溢。

注意：掌握托盘重心，托盘保持在椅子外侧（各组学生中一人托盘斟酒，其余人围坐餐台充当宾客）；商标朝向宾客；酒水量度均匀。

步骤：

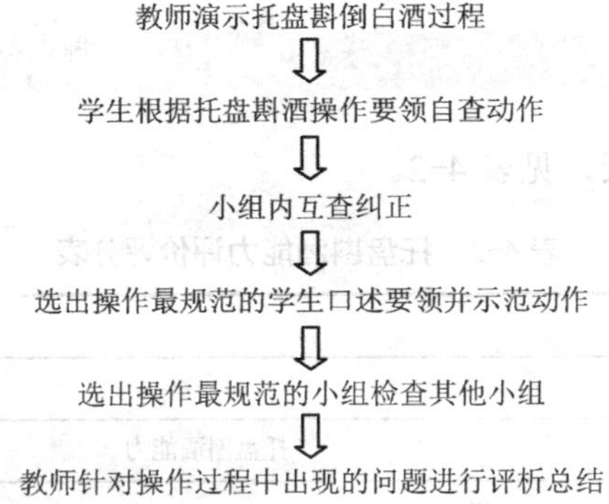

（4）托盘斟倒色酒、白酒综合练习。

内容：侧身站在宾客的右后侧，身体前倾，左手托盘，右手握酒瓶的下半部，斟酒时瓶口距杯口上方 1～2cm 左右，将酒瓶上的商标朝向客人，手臂前伸，右脚跨前踏在两椅之间，先斟色酒，再换瓶斟白酒，移位时右手背在身后。

图 4-11

要求：托盘不可越过宾客的头顶，身体不可接触宾客；先斟主宾，商标朝向宾客，顺时针方向；换瓶斟倒；色酒五成满，白酒八成满；不滴不洒，不少不溢，如图 4-11 所示。

注意：先斟色酒，再斟白酒；换瓶时保持托盘重心平稳，托盘保持在椅子外侧（各组学生中一人托盘斟酒，其余人围坐餐台充当宾客）；酒水量度均匀。

步骤：

教师演示托盘斟倒色酒、白酒过程

⇩

学生根据托盘斟酒操作要领自查动作

⇩

小组内互查纠正

⇩

选出操作最规范的学生口述要领并示范动作

⇩

选出操作最规范的小组检查其他小组

⇩

教师针对操作过程中出现的问题进行评析总结

技能训练注意事项

（1）动作优雅，仪态大方。

（2）训练时注意安全。

（3）严格按照操作流程、操作规范进行。

学习评价

托盘斟酒能力评价评分表，见表 4-2。

表 4-2 托盘斟酒能力评价评分表

考 评 人		被考评人	
考评地点			
考评内容	托盘斟酒能力		
考评标准	内　　容	分值/分	实际得分/分
	酒品、酒具准备，示瓶，开瓶动作娴熟，瓶口、木塞完好	10	
	先斟主宾，商标朝向客人，顺时针方向斟倒，瓶口与杯口距离 1～2cm 左右，旋转收口	20	
	先斟色酒，再斟白酒，色酒斟五成，白酒斟八成	35	
	不滴不洒，不少不溢	25	
	动作优雅，仪态大方	10	
合　　计		100	

注：考核满分为 100 分，60～69 分为及格；70～79 分为中等；80～89 分为良好；90 分及以上为优秀。

项目五　中餐摆台训练

摆台是为客人就餐摆放餐桌，确定席位，提供必要的就餐用具，包括摆放餐桌、铺台布、安排桌椅、准备餐具、摆放餐具、美化席面等。中餐摆台分为零点摆台、团队包餐摆台和宴会摆台等。中餐厅要求餐台摆放合理、符合传统习惯、餐具卫生、摆设配套齐全、规格整齐一致，既方便用餐，又利于席间服务，同时富有美感。

任务一　中餐零点摆台训练

学习目标

在学生已经掌握相关技能的基础上，通过摆一个十人台使学生认识并初步掌握中餐零点摆台的方法、程序与技巧。通过摆四人、六人、八人、十人、十二人台的练习，确保学生全面熟练掌握。

学习准备

（1）全班分为 5 个小组，每组由一名学生负责。
（2）每位学生带上笔、笔记本，每组准备一个圆规和量角器。
（3）实习室备好摆十二人台的所有物品。
（4）训练时间安排：4 学时。

情景设置

某日，张老师带旅游管理专业的一年级学生到酒店参观学习，学生们兴致很高，迫不及待地来到了酒店零点餐厅。因为用餐人数不固定，所以餐台有大有小，有方有圆，一般 4 人以下用方桌或长桌，5～12 人用不同规格的圆桌。张老师要求学生重点观察零点餐厅餐台的布置，看看不同人数、不同类型餐桌应如何安排餐位、摆放餐具。带着这一问题让学生们一起进入零点餐厅学习和训练摆台技能。

理论知识

一、中餐零点服务的概念

饭店或餐厅通常将在中餐厅用餐的散客服务称为中餐零点服务，也称为中餐便餐服务。其特点：客人进餐时间零散、前后不一、口味多样、标准不一。它在一般中小型酒店中占很大比例。虽然它与中餐宴会服务有相同之处，但它的服务程序及摆台却与宴会有明显区别。就摆台而言，由于人数不固定，可分为四人、六人、八人、十人和十二人台。要求在开餐前 30 分钟，按中餐零点摆台的要求摆好餐台。

二、中餐零点摆台所需的物品

中餐零点摆台摆放的物品与酒店的档次、菜系和风格等有关，每个酒店都有自己统一的标准。个人餐具包括餐碟、毛巾碟、汤碗、勺、味碟、筷架、筷子、牙签、玻璃水杯和瓷质茶杯等。公用餐具包括两壶（酱油壶和醋壶）、三盅（牙签盅、盐盅和胡椒盅）、烟缸、花插和台卡等。

三、中餐零点摆台的操作位置及顺序

中餐零点摆台的操作均站在主人位或从主人位开始，按顺时针方向摆放相关物品。

四、不同人数、不同类型的餐台餐位（椅）安排方法

如果人数为4人，用方桌，则每边居中摆放1个餐位（椅），如图5-1所示；用长条桌，则长边每边2个餐位（椅）；用圆形桌，则“十字形”摆放，如图5-2所示。如果人数为6人，用长条桌，则长边每边3个餐位（椅），如图5-3所示；用圆桌，则将圆桌6等分摆放。如果人数为8人，则为“米字形”摆放。依此类推，人数为10人，则将圆桌10等分，如图5-4所示。人数为12人，则是将圆桌12等分。

图　5-1

图　5-2

图　5-3

图　5-4

五、常见零点摆台个人餐具摆放方法

个人餐具的摆放方法多种多样，但一个饭店的方法必须是统一的。摆放的方法、摆放餐具的多少与饭店的档次有关。档次越高，摆放餐具越多，要求越高。有些经营精致餐饮企业的零点摆台与宴会摆台的要求一样，如图5-5所示。饭店档次越低，其餐具越少，如图5-6所示。而图5-7～图5-10是中等饭店常用的摆台方法。其中，图5-9是最为常见的摆台方法。本项目中餐摆台训练就以其为标准。

图　5-5

图　5-6

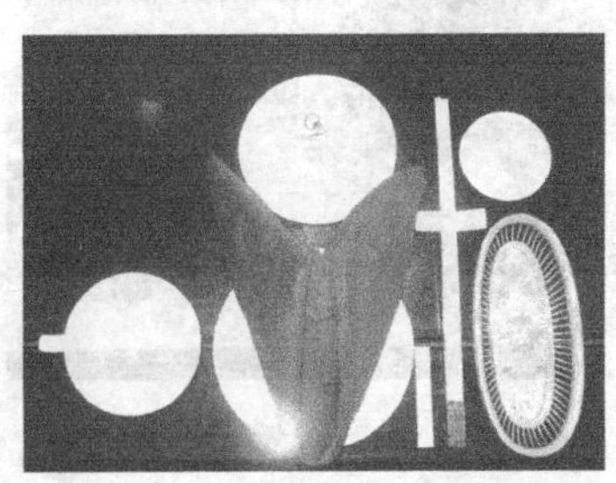

图　5-7

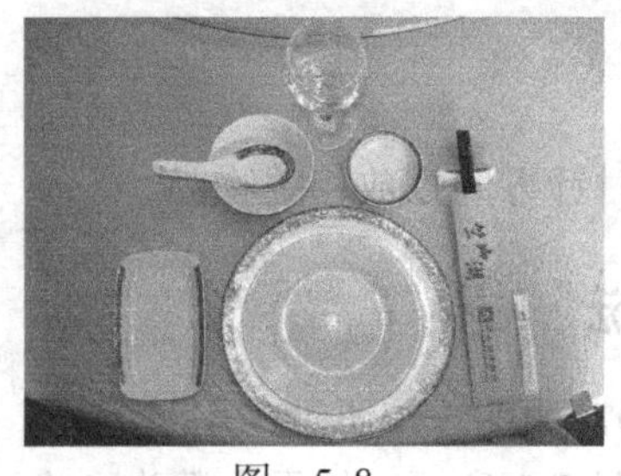

图 5-8

图 5-9

图 5-10

➘ 案例评析

某日，一家星级饭店零点餐厅用餐时间来了 10 位客人，小王将他们引领到已经预定的餐桌上入座。小王开始了一系列的餐前服务，向客人问茶后，迅速为客人倒好茶水，并送上了小毛巾。在小王为客人铺餐巾、去筷套时，李先生看看左边又看看右边，问小王："服务员，哪块毛巾是我的？"小王回答说："左边的毛巾应该是您的。"此时坐在李先生左边的姜先生刚好拿起自己右手边的小毛巾，听了小王的话，擦也不是，放下也觉得不合适……

分析：在大多数饭店的餐厅服务规程中都明确规定：小毛巾一律放在客人的左侧或右侧。从表面上看，这样的摆放非常整齐、美观，但实际上饭店根本就没有考虑到客人的使用方便。所以才会经常出现姜先生遇到的尴尬情形。在餐饮业竞争日趋激烈的情况下，饭店应考虑提供真正符合客人需求且不同于其他饭店的个性化服务，小毛巾是一个最简单的例子。其实，饭店完全可以从客人的需求角度出发，考虑其使用的方便性，对传统的小毛巾摆放的方法加以改进，

六、公用物品的摆放方法

理论上，中餐零点摆台公用物品必须摆放两壶、三盅、烟缸、花插和台卡。圆桌的位置与宴会一样。图 5-11 为公用物品摆放的三种形式。若为方桌，烟缸摆放在主人位右侧对角线上，其余物品摆放在桌子中间，花插居中摆放，左侧两壶，右侧三盅，台卡放在花插朝向门口一侧的醒目位置上。若为长条桌，烟缸摆放在客人餐具中间，花插居中摆放，两壶在花插左侧，三盅在花插右侧，台卡放在靠过道一边；也有很多饭店将所有物品都摆在桌子靠墙的一端。在实际工作中，只有少数饭店按此要求摆放，多数饭店只摆放烟缸、牙签盅、醋壶、台卡和花插，不允许吸烟的餐厅不备烟灰缸。本项目技能训练以公用物品摆放的图 5-11c 为标准。

a)

b)

c)

图 5-11

技能训练

1．流程

工作台整理练习→铺台布练习→上转盘练习→摆餐椅练习→个人餐具摆放练习→公用物品摆放练习。

2．具体训练步骤指导

（1）工作台整理练习。

要求：将摆台所需餐用具按使用的先后顺序，整齐、美观地摆放在工作台上。

注意：高的物品放在里面，矮的物品放在外面；先使用的放在外面，后使用的放在里面。商标图案朝外，如图 5-12 所示。

图　5-12

步骤：

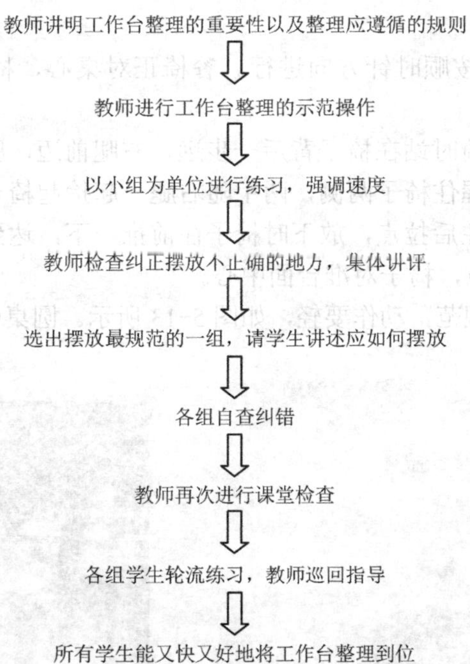

（2）铺台布练习。训练步骤见项目三铺台布训练。

（3）上转盘练习。

要求：转盘置于餐桌中央，转盘的中心和圆桌的中心重合，转盘边沿离桌边均匀，误差不超过 1cm。

注意：转盘摆放台面后要试转。检查是否转动灵活，有无摆动、杂音等不良现象。

步骤：

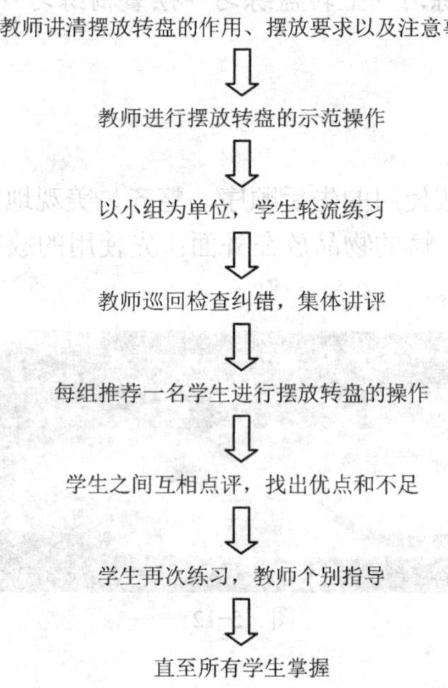

（4）摆餐椅练习。

要求：从主人位开始按顺时针方向进行。餐椅正对桌心，椅间距离匀称，椅边与台布相切。

摆餐椅的方法：摆餐椅时站在椅子背后一步远，右腿前迈，膝盖顶住椅面背后处，上身微向前倾，双手掌心相对握住椅子两侧，两手随右腿一起抬起椅子向后拉，看准位置后，把椅子轻轻放下。也可以多往后拉点，放下时椅子往前推一下，达到位置后再轻轻地放下。在整个拉椅过程中，眼视前方，椅子对准台面中心。

注意：摆餐椅动作要规范，动作要轻，如图 5-13 所示。圆桌中所有椅子的椅背应呈一个圆，如图 5-14 所示。

图 5-13

图 5-14

步骤：

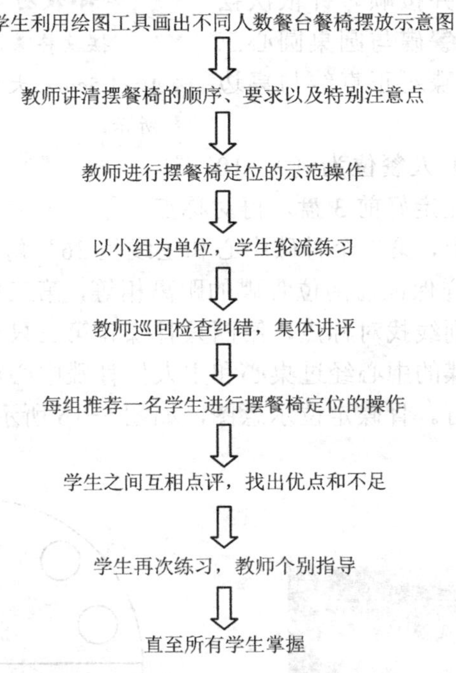

知识链接

（1）专供就餐用的椅子，是餐厅家具的一种。椅子按餐椅用途分类：中餐椅、西餐椅、咖啡椅、快餐椅、酒吧椅、办公椅等；按餐椅材质分类：实木椅、钢木椅、曲木椅、铝合金椅、金属椅、藤椅、塑料椅、玻璃钢椅、亚克力椅等。

（2）具体的餐椅，可根据餐厅整体风格来搭配你喜欢的样式，如地中海风格、田园风格、欧式风格、中式风格、美式风格等。

（3）在保养清洁时要注意防变形、防油污，避免与酸、碱、酒精、汽油等物质接触。

（4）餐椅的款式及大小选购，可视餐厅面积大小及个人喜好来定。如果拥有一间宽大的独立餐厅，当然可以选择一套高雅华丽的大尺寸餐椅；如果是小面积，则选购折合式的餐椅最为合适。

（5）看餐椅是否牢固，特别是餐椅使用频繁，注意椅子的用材和拼接方式就行。一般来说，传统的榫卯结构较为牢固，用材为榆木、榉木等木材的餐椅较为牢固。

（6）试坐感觉椅子是否摇晃外，还可以通过观察椅腿有无疤节或裂痕修补的痕迹来加以判断，餐椅椅腿及支撑部位不能用有疤节和裂痕的材料，否则会严重影响使用寿命。

（7）试坐在餐椅上感觉是否舒适，如果胳膊可以自然地摆放到桌面上则为佳。

（5）个人餐具（餐碟、毛巾碟）摆放练习。

要求：餐碟位于每个餐位（餐椅）的正中间，定位准确，碟与碟之间的距离相等，且一次到位。碟边距离桌边1～1.5cm，碟内图案花纹正对席位正中。毛巾碟摆在餐碟左侧，距离餐碟1cm，距离桌边1.5cm，如图5-15所示。

注意：从主人位开始用右手的拇指和食指侧面拿着餐碟边缘部分并按顺时针依次摆放。注意手法。圆桌相对餐碟与圆桌圆心三点成一直线，方桌相对餐碟对正直线与桌边平行。

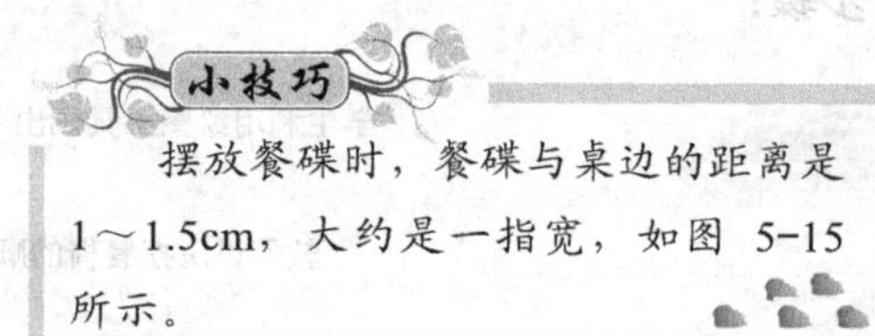

摆放餐碟时，餐碟与桌边的距离是1～1.5cm，大约是一指宽，如图 5-15 所示。

骨碟定位方法（以 10 人餐位为例）。10 人骨碟定位准确的前提是先定好前 3 盘，再对称点。第一个骨碟放在主人位上，刚好在正副主人位置台布的中心线上，第二个骨碟中心和主线呈 36° 角，第三个骨碟中心和桌心的连线与副线呈 18° 角，这样保证前两位骨碟的距离相等，第三只骨碟到副线的距离是前两个距离的一半。然后根据副线找对称点，第四只骨碟和第三只对称，第五只骨碟和第二只对称，第六只副主人位骨碟的中心经过桌心和主人位骨碟中心对称，后面就对着桌心看三点一线找对称点依摆放即可。骨碟定位示意图，如图 5-16 所示。

图 5-15

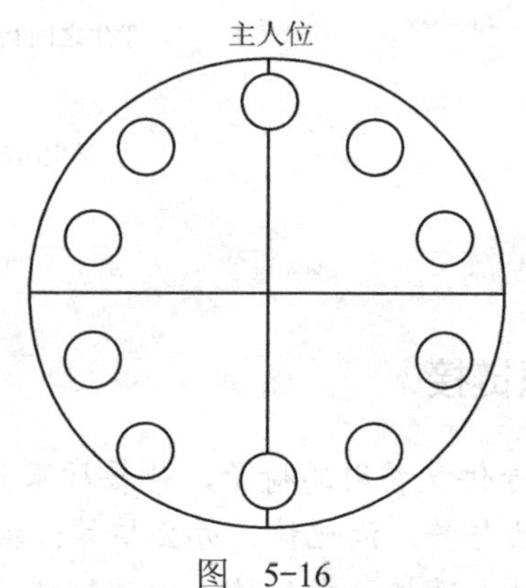

图 5-16

知识拓展

1．双数骨碟定位方法和要求

主位和副主位上各有一个骨碟，按中心对称摆放，距离均等。主线上有两个骨碟，副线上没有骨碟，都根据主线和副线对称，且骨碟中心和桌心对称，形成三点一线。所以 6 人位、8 人位、10 人位和 12 人位的半圆分别是 2、3、4、5 个骨碟均匀对称摆放，另一半骨碟依次经过桌心对称摆放，且骨碟中心和桌心对称，形成三点一线。

2．单数骨碟定位训练

单数骨碟定位的特点：主位上有一个骨碟，根据主线对称摆放，距离均等。行业中有“上单下双多者切”的说法。

所以，5 人位、7 人位、9 人位和 11 人位的半圆分别是 2、3、4、5 个骨碟均匀摆放，另一半圆依次以主线对称摆放，如图 5-17 所示。

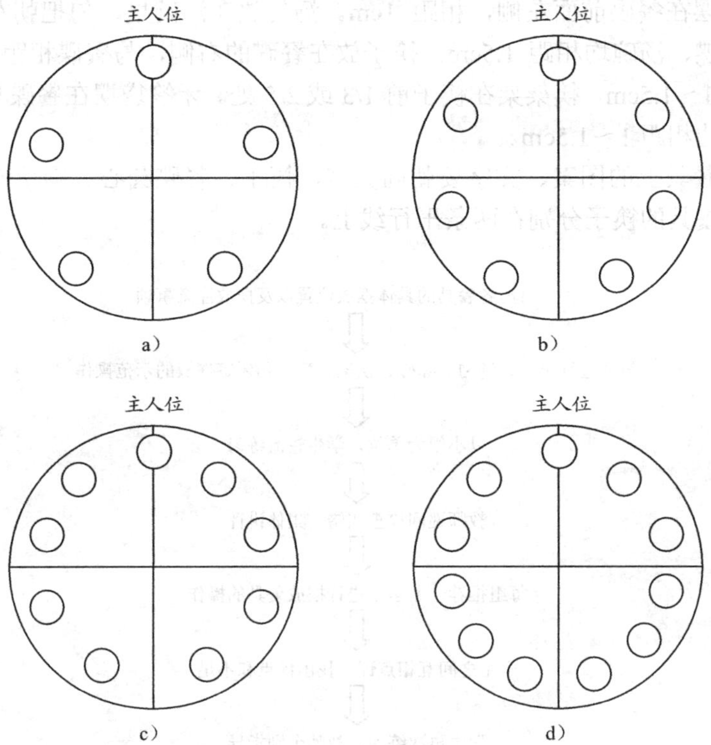

主人位
主人位
主人位
主人位
a）
b）
c）
d）

图　5-17

a）五人位　b）七人位　c）九人位　d）十一人位

步骤：

教师讲清餐碟、毛巾碟的具体摆放位置以及摆放注意事项

⇩

教师进行摆放餐碟、毛巾碟的示范操作

⇩

以小组为单位，学生轮流练习

⇩

教师巡回检查纠错，集体讲评

⇩

每组推荐一名学生进行摆放餐碟、毛巾碟的操作

⇩

学生之间互相点评，找出优点和不足

⇩

学生再次练习，教师个别指导

⇩

直至所有学生掌握

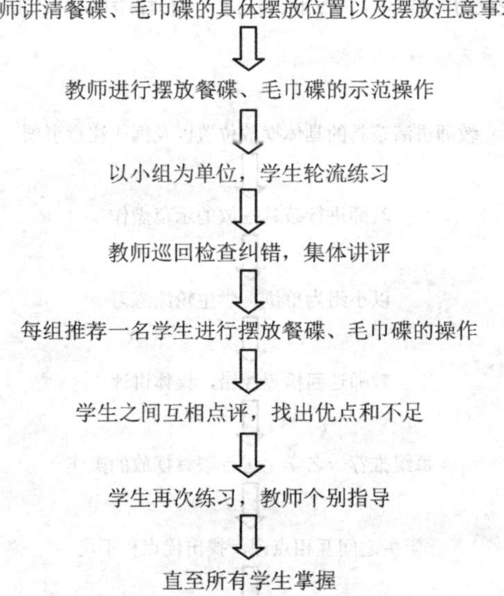

（6）个人餐具（汤碗、汤勺、味碟、筷架、筷子和牙签）摆放练习。

要求：汤碗摆在餐碟前面左侧，相距 1cm。汤勺放在汤碗里，勺把朝左。味碟摆在餐碟前面右侧，与餐碟、汤碗均相距 1.5cm。筷子放在餐碟的右侧，与餐碟相距 2～3cm，筷子的尾部与桌边相距 1～1.5cm，筷架架在筷子前 1/3 或 2/5 处。牙签袋摆在餐碟与筷子中间，字面向上，尾部与桌边相距 1～1.5cm。

注意：个人餐具上的图案、文字要朝向宾客，筷子、餐碟圆心、圆桌圆心的连线平行摆放，使对面两套餐具的筷子分别在两条平行线上。

步骤：

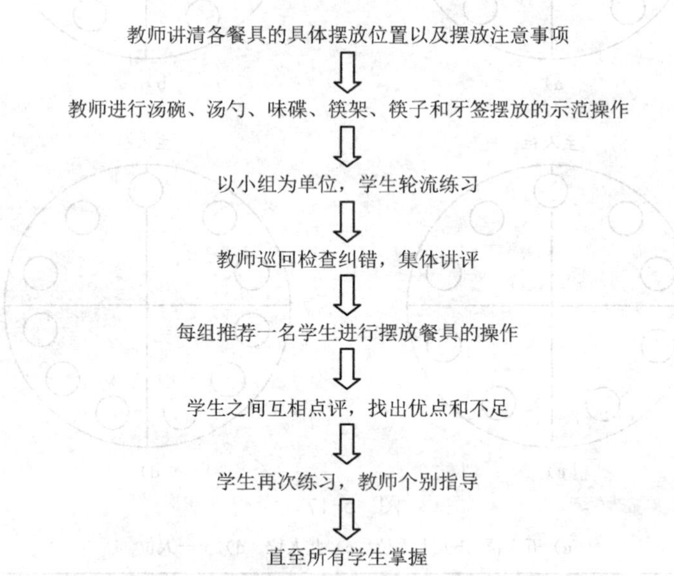

（7）个人餐具（茶具）摆放练习。

要求：餐碟正前方摆玻璃水杯，底部离汤碗、味碟 1～1.5cm，三者中心成等边三角形。

注意：手法卫生，不能触摸杯口，应抓杯身下半部分。如果折餐巾花，先折花，插入水杯后再摆放。

步骤：

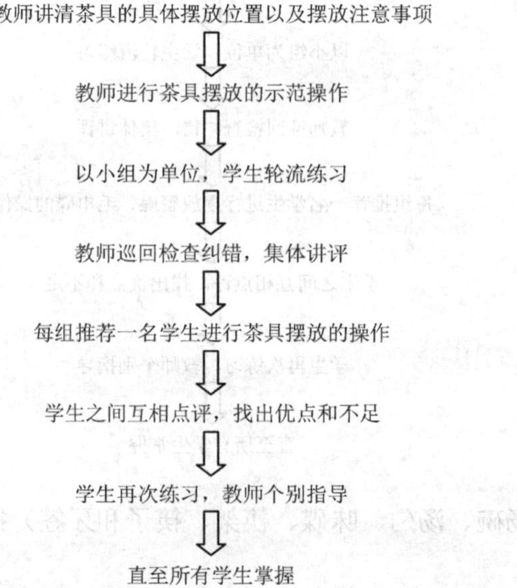

（8）公用物品摆放练习。

要求：三盅呈倒三角形摆在右侧，距转台 3cm，如图 5-18 所示。两壶摆在餐桌的左侧，两壶壶嘴朝左，壶把朝右，如图 5-19 所示。烟缸摆放 4 只，分别位于台布米字线上，两两对称呈正方形。插花居桌中而放，台卡放一侧，朝向餐厅门口。

图　5-18

图　5-19

注意：拿牙签盅时，应抓住其底部，防止摔坏。

步骤：

教师讲清公用物品的具体摆放位置以及摆放注意事项

⇩

教师进行公用物品摆放的示范操作

⇩

以小组为单位，学生轮流练习

⇩

教师巡回检查纠错，集体讲评

⇩

每组推荐一名学生进行公用物品摆放的操作

⇩

学生之间互相点评，找出优点和不足

⇩

学生再次练习，教师个别指导

⇩

直至所有学生掌握

（9）在掌握十人台中餐零点摆台程序与规范练习之后，各小组再分别练习摆放四人台、六人台、八人台和十二人台。

技能训练注意事项

（1）按规定着装，戴正工号牌，仪容整洁，女同学淡妆上岗；精神饱满，面带微笑，站姿规范；动作大方，美观轻巧，不拖拉；头发梳理整洁，发型符合酒店要求；手、指甲干净，并要消毒。

（2）方桌台布铺设后要求台布中心向上，四周下垂部分均等。若台布绣有餐厅标志，标志一律朝外。

（3）准备摆台需要的各种餐具、酒具和物品，餐酒具要多备1/5；所备餐、酒具无残缺，符合卫生标准和零点就餐使用要求。准备物品时要使用托盘，轻拿轻放，同时所选餐具器皿一定要花色成套且完整。

（4）摆台操作时，一律使用托盘。摆台后要检查台面摆设有无遗漏，摆放是否规范、符合要求。

（5）饭碗根据客人的需要用托盘提供，酒具也是如此。

（6）如果采用餐巾布应根据情况选择花型，杯花放置于水杯中，盘花放置于餐碟中央，将餐巾花的观赏面朝向客人。如果采用餐巾纸，可置于水杯内、餐碟内、汤碗左侧、用某种器皿盛装后放置于桌上，只要统一规定即可。

（7）采用的茶具一般为玻璃水杯或瓷质茶杯。若采用瓷质茶杯，一般将其正放或反扣于餐碟正中。有的饭店在餐碟前放一茶碟，放置于餐碟正前方，将瓷质茶杯反扣于茶碟正中，如前图5-7所示。

学习评价

中餐零点摆台能力评价评分表，见表5-1。

表5-1 中餐零点摆台能力评价评分表

考评人			被考评人	
考评地点				
考评内容	中餐零点摆台能力			
	内　容		分值/分	实际得分/分
考评标准	仪表仪容（须发、面部、手与指甲、服装、鞋、首饰、总体印象）、物品准备（工作台整理，摆放有序合理）		10	
	铺台布（站立准确，动作娴熟，一次完成，台布中心居中，四角下垂基本均等）		10	
	摆放转盘（转台居中，转台灵活）		10	
	摆餐椅（餐椅正对餐具，椅间距离匀称，椅边与台布相切）		10	
	摆餐碟、毛巾碟（定位准确、匀称、间隔相等，一次到位，操作卫生）		10	
	摆汤碗、勺、味碟（位置方向准确统一）		10	
	摆筷子、筷架、牙签（位置准确，图案朝向宾客）		10	
	摆茶具（位置正确）		10	
	摆两壶三盅、烟缸、花插（位置正确）		10	
	整体印象（托盘平稳、协调，操作中餐具等不翻倒、无落地，席面美观和谐，操作过程中手法卫生、无失误，操作姿势优美）		10	
用　时		超时扣分	最后得分	

注：1．规定用时12分钟。提前不加分，每超时15秒扣1分。

2．考核满分为100分，60～69分为及格；70～79分为中等；80～89分为良好；90分及以上为优秀。

任务二　中餐团队包餐摆台训练

学习目标

在学生已经掌握相关技能的基础上，通过旅游团队包餐摆台使学生认识并初步掌握团队包餐摆台的方法、程序与技巧。

学习准备

（1）全班分为5个小组，每组由一名学生负责。
（2）实习室备好摆台的所有物品。
（3）训练时间安排：2学时。

情景设置

某校酒店管理专业学生在学完零点餐厅摆台技能后又随老师来到实习酒店中餐厅，餐厅摆放整齐的桌椅一下子吸引住了他们。据介绍这个大厅今天要接待一批会议团体客人，学生们很好奇。如此之多的餐具摆放一致，规格统一，他们是依据什么标准操作的呢？带着这一问题他们开始了团体包餐摆台的学习和训练。

理论知识

一、团体包餐的概念

团体包餐是一种由大型会议或旅游团体预定的一种集体就餐形式。它是宾客集体用餐，统一时间、统一标准、统一菜单，用餐完毕陪同人员进行登记签字，由就餐单位向酒店统一付款。它的特点是人数较多，就餐时间集中，而且紧凑。其菜式较简单，在就餐过程中，宾客之间不需过多的礼仪。

二、团体包餐的就餐形式

团体包餐的就餐形式，分为合食和分食两种。合食是10人共用，根据就餐标准，每桌6菜1汤、8菜1汤、10菜1汤或12菜1汤等。若就餐标准较高，还得上冷菜、水果和点心等。分食则根据标准，每人1菜1汤、2菜1汤或3菜1汤。汤可以不分开，用一大碗汤供10人共用。

三、团体包餐的价格标准

团体包餐摆台要求与餐标有关，餐标越高，摆台要求越高，直至按宴会要求摆台。

四、团体包餐摆台需要摆放的物品

团体包餐摆台摆放的物品与酒店的档次、菜系、风格、餐标等有关，每个酒店都有自己统一的标准。一般而言，个人餐具包括餐碟、汤碗、勺、筷子、玻璃水杯和瓷质茶杯等。公用餐具包括两壶（酱油壶、醋壶）、三盅（签盅、盐盅和胡椒盅）和台卡等。

五、团体包餐摆台个人餐具摆放方法

团体包餐摆台个人餐具摆放比零点摆台要简单得多。虽然摆台方法多种多样，但每家酒店都应是统一标准。常见的有以下 3 种方法，如图 5-20 所示。

图 5-20

六、团体包餐摆台公用物品摆放方法

团体包餐摆台公用物品摆放与零点摆台基本相同。不同之处有两点：①团体包餐只在主位和副主位右侧放两个烟灰缸，如图 5-21a 和图 5-21b 所示。②团体包餐要摆公筷、公勺，摆放方法与宴会相同，如图 5-21c 所示。

a）

b）

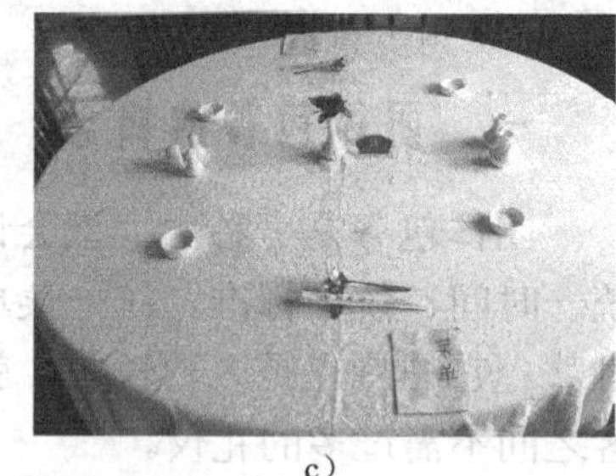
c）

图 5-21

技能训练

1．流程

工作台整理练习→铺台布练习→上转盘练习→摆餐椅练习→个人餐具摆放练习→公用物品摆放练习。

2．具体训练步骤指导

（1）工作台整理练习。训练步骤见项目五任务一中餐零点摆台训练。

（2）铺台布练习。训练步骤见项目三铺台布训练。

（3）上转盘练习。训练步骤见项目五任务一中餐零点摆台训练。

（4）摆餐椅定位练习。训练步骤见项目五任务一中餐零点摆台训练。

（5）个人餐具（餐碟）摆放练习。训练步骤见项目五任务一中餐零点摆台训练。

（6）个人餐具（筷子、汤碗、汤勺）摆放练习。

要求：将带筷套的筷子放在餐碟中间，筷头指向圆桌圆心，筷尾与餐碟下边沿齐平。汤碗摆在餐碟前面左侧，相距餐碟、筷子为1～1.5cm。汤勺放在汤碗里，勺把朝左。

注意：个人餐具上的图案、文字要朝向宾客。

步骤：

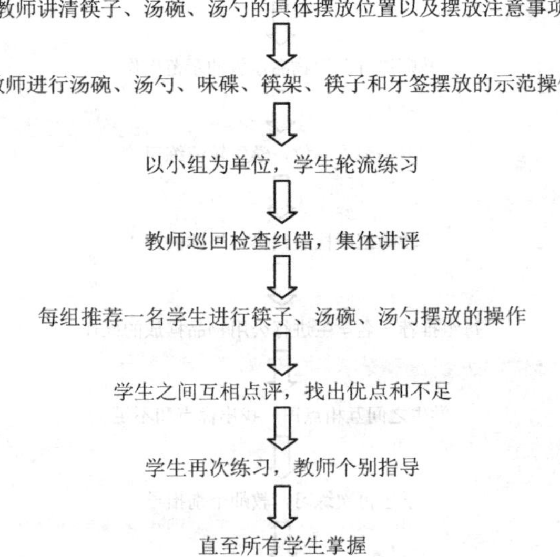

（7）个人餐具（饭碗、餐巾纸）摆放练习。

要求：饭碗放置在餐碟前面右侧，与餐碟间距为1cm。餐巾纸摆在餐碟左侧。

注意：手法卫生，不能触摸碗口，餐巾纸图案应朝向宾客。

步骤：

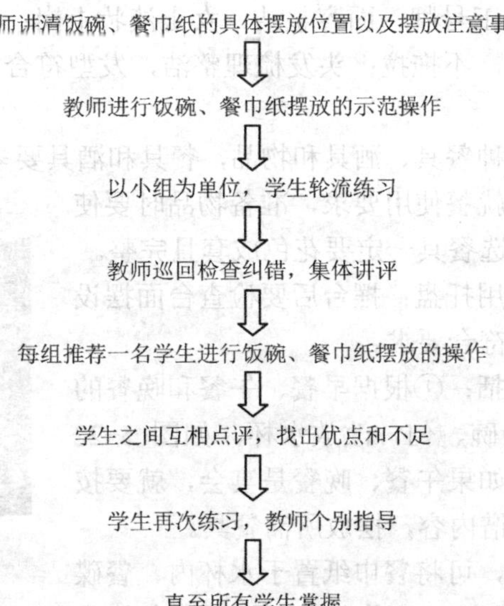

（8）公用物品摆放练习。

要求：正、副主位个人餐具正前方 5cm 处摆放公用筷架、公筷、公勺，筷子尾端和勺把一律向右；两壶摆在餐桌的左侧，两壶壶嘴朝左，壶把朝右；三盅呈倒三角形摆在右侧，距转台 3cm；烟缸摆放 2 只，主人和主宾之间、副主人和副主宾之间各放一只；台卡放在每张餐桌下首，台号朝向厅堂入口处。

注意：拿牙签盅时，应抓住其底部，防止摔坏。

步骤：

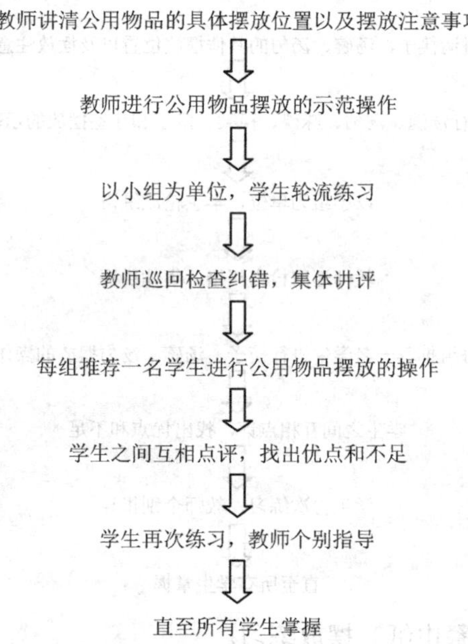

技能训练注意事项

（1）按规定着装，戴正工号牌，面容整洁，女士淡妆上岗；精神饱满，面带微笑，站姿规范；动作大方，美观轻巧，不拖拉；头发梳理整洁，发型符合酒店要求；手、指甲干净，并要消毒。

（2）准备摆台需要的各种餐具、酒具和物品，餐具和酒具要多备 1/5；所备餐具和酒具无残缺，符合卫生标准和零点就餐使用要求，准备物品时要使用托盘，轻拿轻放，同时所选餐具一定要花色成套且完整。

（3）摆台操作时一律使用托盘；摆台后要检查台面摆设有无遗漏，摆放是否规范、符合要求。

（4）摆台规格的要求包括：①根据早餐、午餐和晚餐的不同有所变化，早餐不放汤碗、勺，改放水杯，如图 5-22 所示。②根据就餐的规格，如果午餐、晚餐是宴会，就要按宴会的要求摆台。③根据菜谱内容，摆放所需餐具。

图 5-22

（5）餐巾纸有多种摆法，可将餐巾纸置于水杯内、餐碟内或餐碟左侧，只要统一即可，也可将整包餐巾纸放在餐碟中置于转盘上，由客人自取。

↘ 案例点评

一天下午，在餐间休息时，餐厅服务员小钱与餐厅经理唐先生在一起闲聊。聊得正起劲时，小钱对唐先生说：“经理，我在工作时，经常发现客人坐下以后，他们做的第一件事是将面前的餐具往上移，然后两手靠在餐桌上，或喝茶，或点餐，或聊天。我就想，为什么我们在摆台时非要规定将骨碟摆放在距桌边1～1.5cm的地方呢？难道就不能将骨碟放到里面一点吗？”

许多饭店餐桌上用品的摆放拘泥于原来或其他饭店的做法，导致客人在消费时既感到不方便，又觉得饭店没特色。

分析：骨碟离桌边1～1.5cm是绝大多数饭店的摆台标准，教材中也是如此规定的。但在具体执行标准时还要结合客人的需求，注意观察就餐客人的行为习惯分析思考，要敢于突破传统的思维方式，提出建设性的意见供上级参考。餐厅服务员小钱这种主人翁精神和创新意识确实值得大家学习。

中餐团体包餐摆台能力评价评分表，见表5-2。

表5-2　中餐团体包餐摆台能力评价评分表

考评人			被考评人	
考评地点				
考评内容	中餐团体包餐摆台能力			
	内　容		分值/分	实际得分/分
考评标准	仪表仪容（须发、面部、手与指甲、服装、鞋、首饰、总体印象）		5	
	物品准备（工作台整理，摆放有序合理）		5	
	铺台布（站立准确，动作娴熟，一次完成，台布中心居中，正缝对准主人位，四角下垂基本均等）		5	
	摆放转盘（转台居中，转台灵活）		5	
	摆餐椅定位（餐椅正对餐具，椅间距离匀称，椅边与台布相切，并成圆形）		10	
	摆餐碟（定位准确、匀称、间隔相等，一次到位，操作卫生）		10	
	摆筷子（位置正确、统一，筷套的图案向上）		10	
	摆汤碗、勺（位置和方向准确、统一）		10	
	摆饭碗（位置和方向准确、统一）		10	
	摆餐巾纸（摆放统一）		10	
	摆两壶三盅、烟缸、公用餐具、台卡（位置正确）		10	
	整体印象（托盘平稳、协调，操作中餐具等不翻倒、无落地，席面美观和谐，操作过程中手法卫生，无失误，操作姿势优美）		10	
用　时		超时扣分	最后得分	

注：1. 规定用时8分钟。提前不加分，每超时15秒扣1分。

2. 考核满分为100分，60～69分为及格；70～79分为中等；80～89分为良好；90分以上为优秀。

任务三 中餐一般宴会摆台训练

学习目标

通过观察饭店宴会厅服务人员的摆台，使学生了解和掌握中餐厅一般宴会摆台的基本知识；练习中餐厅宴会摆台的操作技能，学会中餐厅一般宴会的摆台方法；熟练掌握中餐厅摆台技能；理解摆放目的、摆台的基本要求及规律。

学习准备

（1）将学生分成若干组，每组10人，安排一名学生负责。

（2）每位学生带好纸、笔，准备一台数码相机或摄像机。

（3）进行安全守纪教育，一切活动以不影响饭店工作为前提。

（4）以组为单位交流总结。

（5）训练时间安排：6学时。

情景设置

某校酒店管理专业的学生在学习完中餐零点摆台和团队包餐摆台的相关知识后，再次随老师来到了实习酒店，恰巧酒店今天有一个规格较高的大型宴会。餐厅里灯火辉煌，无论布局还是餐台的布置都让大家耳目一新。训练有素的酒店服务员正在为宴会做着摆台准备工作。老师要求学生们认真观察摆台前的准备工作、摆台用具、摆台的姿势动作、具体位置距离以及餐具摆放的先后顺序，并作好记录，找出宴会摆台与零点餐台、团队包餐摆台的区别，尝试着总结摆台要求及应遵循的规律。

理论知识

1．摆台的概念

摆台就是餐厅服务员根据就餐需要，将就餐用具按一定的要求和顺序摆放到餐桌的过程。

2．摆台的基本要求

餐具图案对正，距离匀称、整齐美观、清洁卫生，为客人提供一个舒适的就餐位置和一套必需的就餐用具。

由于饭店、餐厅的档次、规模以及要求不同，因此各地区、各饭店的中餐摆台的具体要求有一定的区别，但基本要求和应遵循的一般原则是一致的。

3．摆台应遵循的原则

餐具摆放要相对集中，整齐一致，既要方便用餐，又要便于席间服务，还要富于艺术性，如图 5-23 所示。

图　5-23

4．中餐一般宴会摆台的个人餐具

餐碟、汤碗、汤匙、筷架、筷子、三杯（水杯、红葡萄酒杯和烈性酒杯）等。

5．中餐一般宴会摆台的公用餐具

公用筷架、公筷、公勺、烟缸、两壶（酱壶、醋壶）、三盅（盐盅、胡椒盅和牙签盅）等。

6．中餐一般宴会摆台的其他物品

台布、转盘、餐巾花、花瓶、菜单、席次卡、座卡和台号等，以及各种切合主题的装饰物或造型，如图 5-24 所示。

图　5-24

7．中餐宴会桌次安排

安排桌次，首先要合理地确定各桌位置。餐台排列根据主办人的要求、餐厅形状、餐厅内陈设的特点来进行。要求是整齐有序、间隔适当、突出主桌。餐台排列一般次序：中心第一；先右后左；高近低远。在宴会厅内开辟主通道，以便于宾客和服务员行走。

8．中餐宴会座次安排

相对主人、副主人而言，先右后左、先近后远。主人座在厅堂正面，副主人与主人相对而坐，主人的右侧是主宾，主人的左侧是次宾（第二宾），副主人的右侧是第三宾，副主人的左侧是第四宾，其他座位（第五、六、七、八宾）为陪同席。

主人座在厅堂正面，副主人与主人相对而坐，主人的右侧是主宾，副主人的右侧是次宾，主人左侧是第三宾客，副主人左侧是第四宾客，其他座位为陪同席。

中餐宴会座次安排，如图 5-25 所示。

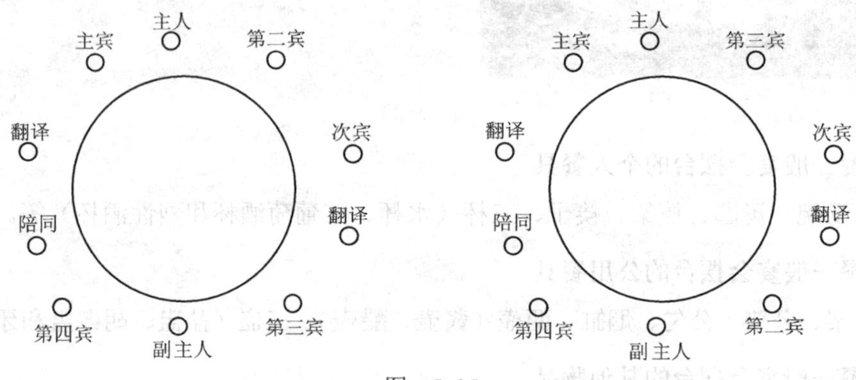

图 5-25

9．摆台的顺序

从主人位开始按顺时针方向依次摆放。

知识链接

（1）餐碟：又称骨碟，是宴会中吃冷、热菜和接骨、刺等的盘，一般选用直径为 6in（1in=0.0254m）的圆盘。

（2）汤碗：专门用来盛汤或者吃其他带有汤汁菜肴的小碗。

（3）汤匙：用于喝汤、吃甜品或带有汤汁的菜肴。

（4）筷架：品种繁多，造型各异。主要作用是避免筷子与台面接触，保证用具清洁卫生，还可以提高宴会规格，增强宴会桌的气氛。

（5）筷子：种类很多，宴会一般用红木筷、象牙筷等。

10．摆台的具体摆法

一套个人餐具的摆放，如图 5-26、图 5-27 所示。公用物品的摆放，如图 5-28 所示。十人桌的餐具摆放，如图 5-29 所示。

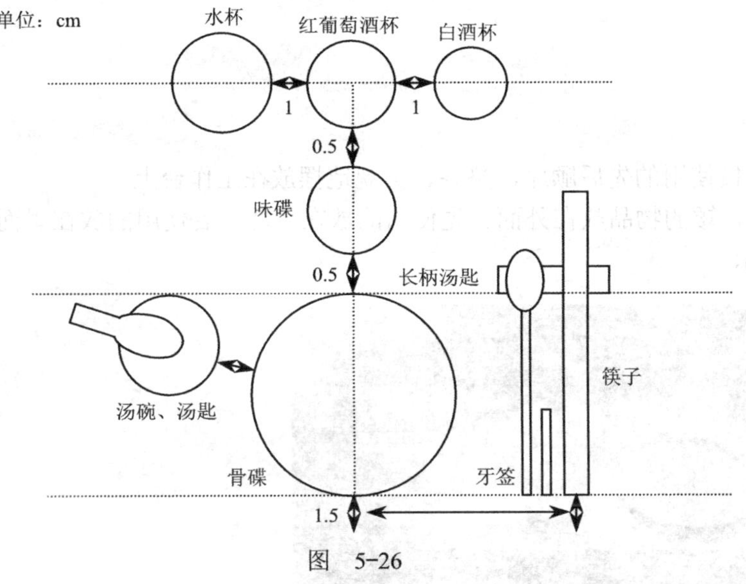

图 5-26

图 5-27

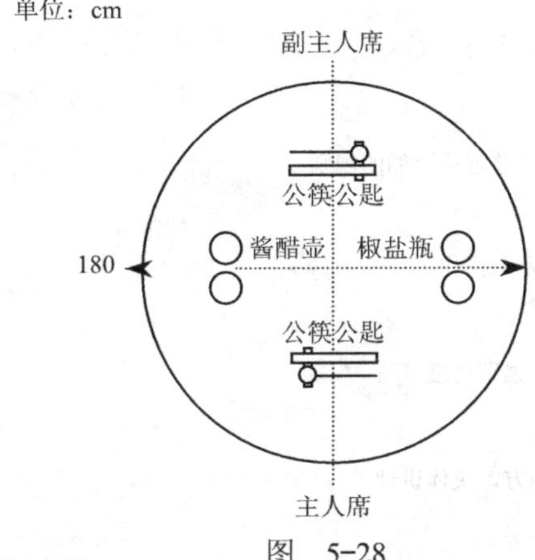

图 5-28

图 5-29

知识链接

座次的安排从礼仪上讲，以“右为上”。古代崇“右”，以右为上，为贵，为高。例如，《史记·廉颇蔺相如列传》中“以相如功大，拜为上卿，位在廉颇之右”。古代官职亦有“左”、“右”之别，且以“右”为高。古代以“右”为尊，从《史记·项羽本纪》中记载的鸿门宴的座次中亦可得到佐证。“项王、项伯东向坐”，“东向”即坐西向东，古地理上西边即“右”，可见项王当仁不让地坐了尊位；“张良西向侍”即坐东向西了，地理上东即“左”，即是通常所说的“坐下席”（作陪）了。

技能训练

1. 流程

工作台整理练习→铺台布练习→上转盘练习→摆餐椅练习→个人餐具摆放练习→公用物

品摆放练习。

2．具体训练步骤指导

（1）工作台整理练习。

要求：将摆台所需餐用具按使用的先后顺序，整齐、美观地摆放在工作台上。

注意：高的物品放在里面，矮的物品放在外面。先使用的放在外面，后使用的放在里面。商标图案朝外，如图 5-30 所示。

图 5-30

步骤：

教师讲明工作台整理的重要性，以及整理应遵循的规则

⇩

教师进行工作台整理的示范操作

⇩

以小组为单位进行练习，强调速度

⇩

教师检查纠正摆放不正确的地方，集体讲评

⇩

选出摆放最规范的一组，请学生讲述应如何摆放

⇩

各组自查纠错

⇩

教师再次进行课堂检查

⇩

各组学生轮流练习，教师巡回指导

⇩

所有学生能又快又好地将工作台整理到位

（2）铺台布练习。训练步骤见项目三铺台布训练。

（3）上转盘练习。

要求：置于餐桌中央，转盘的中心和圆桌的中心重合，转盘边沿离桌边均匀，误差不超过 1cm。

注意：转盘摆放台面后要试转。检查是否转动灵活，有无摆动、杂音等不良现象。

步骤：

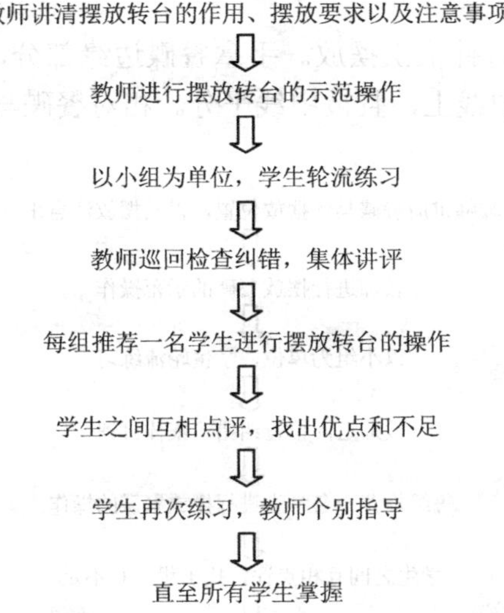

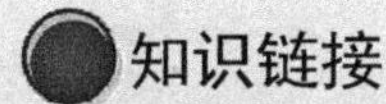

转台的大小要根据桌面的大小而定，太大或太小都会影响客人进餐。一般 1.5m 的台面使用 60cm 的转盘，1.7m 的台面使用 80cm 的转盘比较合适，以此类推。

（4）摆餐椅练习。

要求：从主人位开始按顺时针方向进行，距离匀称，一次到位。

注意：摆餐椅动作规范，动作要轻。所有椅子的椅背应呈一个圆。

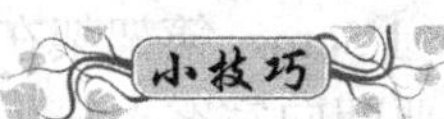

摆餐椅时，两手握住椅背两侧，膝盖顶住椅背移动，可避免发出响声。

步骤：

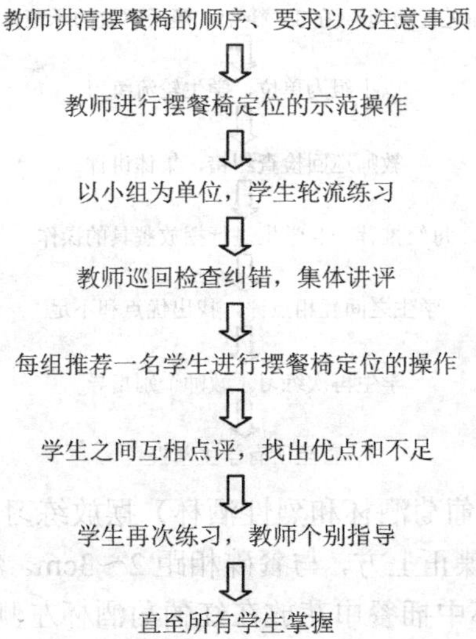

（5）个人餐具（餐碟）摆放练习。

要求：餐碟位于每个餐位的正中间，碟与碟之间的距离要相等，碟边距离桌边为1～1.5cm，碟内图案花纹正对席位正中。

注意：从主位开始按顺时针依次摆放。手拿餐碟边缘部分，注意手法卫生。主人和副主人位的餐碟应压放在台布的中线上，且被中线平分。相对餐碟与圆桌圆心三点成一直线。

步骤：

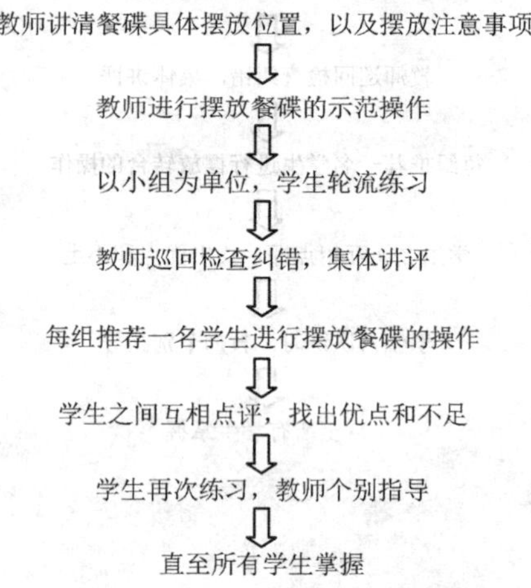

（6）个人餐具（汤碗、汤勺、筷架、筷子）摆放练习。

要求：汤碗位于餐碟的左侧，汤碗的圆心与餐碟的圆心的连线与桌边平行，汤碗与餐碟相距1～1.5cm。汤勺放在汤碗里，勺把朝左。筷子放在餐碟的右侧，与餐碟相距2～3cm，筷子的尾部与桌边相距1～1.5cm，筷架架在筷子前1/3或2/5处。

注意：筷套上的字要朝向宾客，筷子与餐碟圆心、圆桌圆心的连线平行摆放，使对面两套餐具的筷子分别在两条平行线上。

步骤：

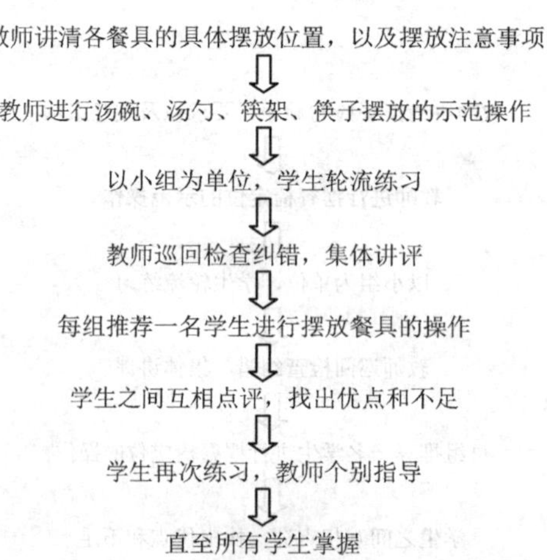

（7）个人餐具（水杯、红葡萄酒杯和烈性酒杯）摆放练习。

要求：红葡萄酒杯位于餐碟正上方，与餐碟相距2～3cm。烈性酒杯放在红葡萄酒杯右侧，两杯之间相距1cm左右。水杯中插餐巾花放在红葡萄酒杯左侧，三个杯之间的距离以能插入手指、方便拿用为度。三套杯也可摆成弧形或三角形。

注意：中间的红葡萄酒杯是定位酒杯，应先摆放。三杯摆放的要求是左高右低，不妨碍宾客右手取菜为原则。

步骤：

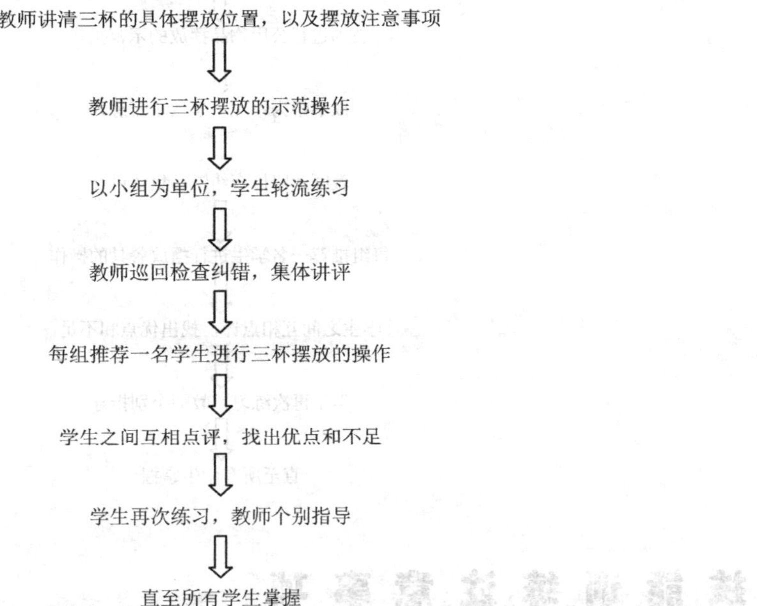

（8）公用物品摆放练习。

要求：正、副主人位个人餐具正前方摆放公用筷架、公筷、公勺。在另一条桌布中线的两侧分别摆放两壶和三盅，两壶壶嘴朝左，壶把朝右。三盅呈倒三角形摆放。4 个烟缸分别位于台布米字线上，呈正方形。花瓶或其他装饰物造型放在圆桌圆心。菜单十人桌一般放两张，摆放在主人和副主人餐具的右侧，底部距桌边 1cm。席卡放在每张餐桌下首，台号朝向厅堂入口处。

知识链接

正式宴会应用座位卡，纸质中间有虚线可折成三角形，里外两面均填上这位客人的姓名和职称，依主办人的指示放置各分餐前，一则便利客人寻找自己的座位，二则使同席者相互知道对方的姓名。

注意：在个人餐具上方 5cm 的地方摆放公用餐具。公用餐具整体效果摆放，如图 5-31 所示。三盅的摆放，如图 5-32 所示。两壶的摆放，如图 5-33 所示。

图　5-31

图　5-32

图　5-33

步骤：

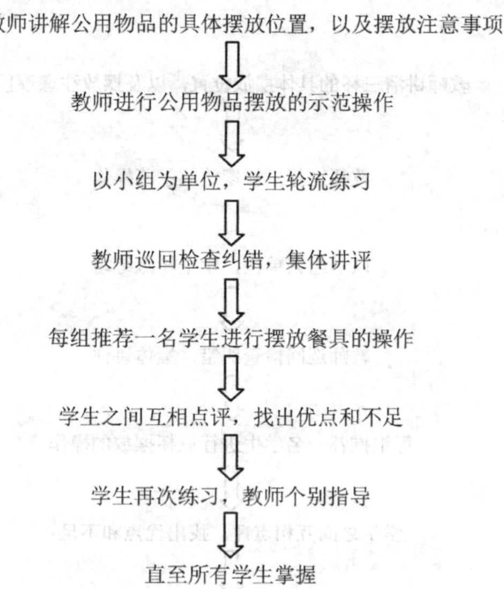

技能训练注意事项

（1）注意手法卫生，轻拿轻放。

（2）动作姿势规范优美，如图5-34所示。

图 5-34

（3）餐具定位准确，一次到位。

（4）注意餐具上的图案花纹摆正，朝向宾客。

（5）各餐位餐具摆法要一致。

（6）所有餐用具的摆放应遵循方便客人就餐，方便服务员操作的原则。

（7）要求学生在5分钟内能够独立完成十人餐台，操作手法卫生，餐具配套齐全，位置摆放合理、均匀，整体美观大方，摆放顺序正确，餐具无落地，餐具轻拿轻放。

（8）摆台要符合礼仪形式，尊重宾客风俗习惯和饮食特点。

学习评价

中餐一般宴会摆台能力评价评分表，见表5-3。

表5-3　中餐一般宴会摆台能力评价评分表

考评人		被考评人	
考评地点			
考评内容	中餐一般宴会摆台能力		
	内　容	分值/分	实际得分/分
考评标准	工作台整理摆放合理有序，整齐美观	10	
	铺台布一次到位，十字居中	10	
	放转台居中，转动灵活	10	
	摆餐椅定位姿势规范，距离匀称	10	
	摆放餐碟定位准确，注意手法卫生	10	
	摆放汤碗、汤勺、筷架、筷子位置准确，注意手法卫生	10	
	摆放白葡萄酒杯、烈性酒杯位置距离准确，注意手法卫生	10	
	摆放水杯位置准确，注意手法卫生	10	
	摆放公用餐具位置准确，注意细节	10	
	姿势优美，操作规范，台面整齐美观，整体效果好	10	
合　计		100	

注：考核满分为100分，60～69分为及格；70～79分为中等；80～89分为良好；90分及以上为优秀。

拓展训练

情景设置

小王是江苏某职业学校的学生，入校后她了解得知职业学校学生也能通过对口单招考试上大学，但是必须要通过技能考试这一关。技能考试难度如何？小王按照怎样的标准训练才会通过技能这一关呢？评分标准又是如何的呢？参见江苏省普通高校对口单招旅游管理专业中餐宴会摆台考核评分表（满分200分）。

1．中餐宴会摆台（满分200分）

按中级餐厅服务员技能鉴定标准考核评分，考核内容包括：铺台布、骨碟定位、拉椅、摆放餐具、口布折花、托盘斟酒等。具体考核内容：

（1）铺台布。从正确位置铺台布，做到一次定位，四角下垂均等。

（2）骨碟定位。按正确方法进行10人位宴会台面的骨碟定位。

（3）拉椅。从主宾位开始，顺时针拉椅定位。

（4）摆放餐具。从主人位开始，依次摆放餐具。

（5）口布折花。要求考生折杯花，品种动、植物各5种，突出主人位。

（6）托盘斟酒。要求考生在托盘中放入葡萄酒、白酒各一瓶，从主宾位开始，顺时针方向，按标准斟葡萄酒、白酒各5杯酒水。

中餐摆台时间为15分钟，在时间进行到13分钟时，评委提醒考生一次。时间到即停止操作，提前不加分，未完成全部操作的，按已完成的项目内容打分。

2．中餐宴会摆台标准及评分细则

中餐宴会摆台标准及评分细则，见表5-4。

表5-4　中餐宴会摆台标准及评分细则

序　号	程　序	评 分 标 准	分值/分	得分/分
1	餐前准备	1．仪容仪表，包括须发、面部、手与指甲、服装、鞋、首饰、总体印象（5分）	10	
		2．工作台整理，摆放有序合理　（5分）		
2	铺台布	1．站立准确，动作娴熟，一次完成（5分）	10	
		2．台布中心居中，正缝对准主人位，四角下垂基本均等（5分）		
3	骨碟定位	1．骨碟定位准确、匀称、间隔相等（5分）	20	
		2．骨碟至桌边1.5cm（5分）		
		3．骨碟定位一次到位（5分）		
		4．操作卫生，拿边缘部分（5分）		
4	摆餐椅	1．餐椅正对餐具，椅间距离匀称，椅边与台布相切，并成圆形（5分）	5	
5	汤碗匙、味碟、筷架	1．汤碗置于骨碟的左上方，呈45°角，味碟位于骨碟正上方（5分）	25	
		2．汤匙柄向左，垂直于汤碗中线（5分）		
		3．味碟与骨碟间距为1cm（5分）		
		4．筷子与桌边1.5cm，距骨碟1.5cm（5分）		
		5．筷架、汤碗、味碟中线呈一条直线（5分）		
6	三杯	1．葡萄酒杯居中，白酒杯在右，水杯在左，三杯中线呈45°角（5分）	20	
		2．三杯杯肚间距1cm，三杯中线在一直线上（5分）		
		3．葡萄酒杯位于餐位正中，与味碟、骨碟中线在一直线（5分）		
		4．操作时拿杯脚或杯下部（5分）		
7	折花	1．摆放时突出主位，观赏面朝向客人（5分）	30	
		2．花型动植物各5种（5分）		
		3．捏摺均匀，形象逼真，美观挺括（10分）		
		4．操作规范、符合卫生要求，手不碰杯口、不用口咬、筷穿方式等　（10分）		
8	托盘斟酒	1．白酒斟八成，葡萄酒斟六成（10分）	40	
		2．从主宾位开始，商标朝向客人，顺时针方向斟倒（5分）		
		3．先葡萄酒，后白酒，旋转收口（5分）		
		4．瓶口距杯口2cm（5分）		
		5．左手托盘，旋于椅外（5分）		
		6．不滴不洒（10分，每一滴扣2分，每一滩扣3分）		

（续）

序　号	程　序	评分标准	分值/分	得分/分
9	托盘	1．托盘方法正确，装盘、理盘正确，符合操作规范　（10 分）	20	
		2．托盘操作中平稳、协调（10 分）		
10	操作及整体印象	1．整体操作规范、卫生，无不良操作习惯和动作（10 分）	20	
		2．操作动作轻巧，无明显餐具碰撞声（5 分）		
		3．席面美观和谐，操作过程中无失误，操作姿势优美（5 分）		
		4．操作中餐具落地每件扣 5 分		

注：操作中托盘翻倒扣除 50 分，并停止操作，已完成部分按实际完成情况打分。

考生得分________________　　　　　　　　　　　　　　　　评委签名________________

3．中餐宴会摆台示意图

（1）骨碟定位示意图，如图 5-35 所示。

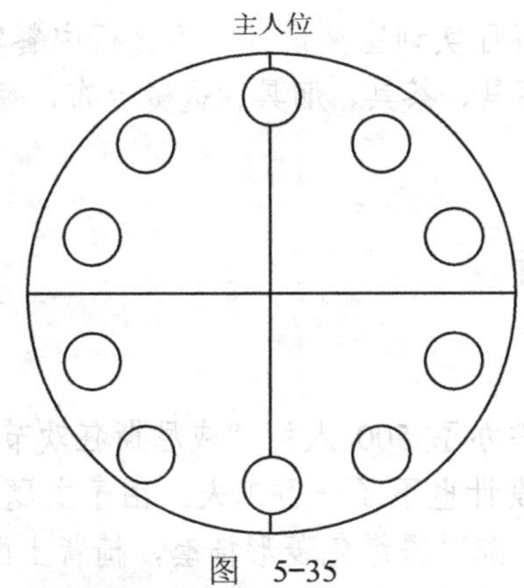

图　5-35

（2）单个餐位示意图，如图 5-36 所示。

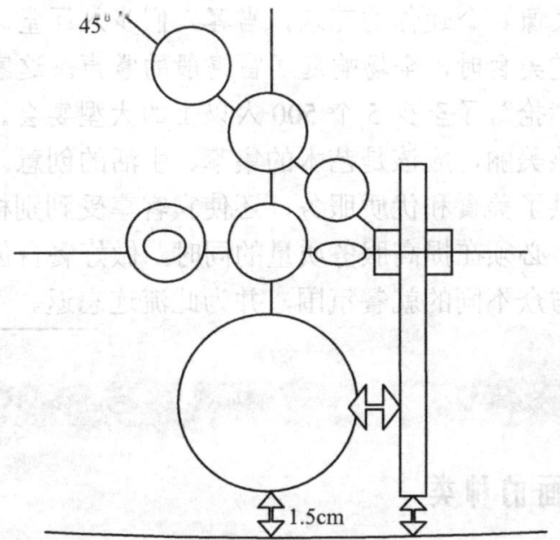

图　5-36

任务四 中餐宴会主题摆台训练

学习目标

通过训练，掌握中式宴会主题摆台的技能，能根据宾客需要设计中餐宴会主题台面，并且能根据设计、选择的方案摆出不同性质的、高质量的主题台面。同时能引导学生发挥个性，培养学生的知识应用能力、信息获取和选择能力、动手实践能力。培养学生的交际、沟通能力和获取知识的能力，让学生充分发挥主观能动性和创造性。培养学生集体合作，互帮互助的团队精神。

学习准备

（1）根据拟定主题将全班分为若干小组，每组由一名学生负责。

（2）尽量准备能够与主题呼应的台布、口布和小件餐具以供选择。

（3）教师带领学生在学校餐厅实训室按设计方案进行中餐宴会花式摆台练习。学生按分工整理摆台所需餐具、杯具、酒具、茶具、烟具、烫熨台布、餐巾、插花、剪纸和食品雕塑，教师巡回指导。

（4）场地：餐厅实训室。

（5）训练时间安排：6学时。

情景设置

某酒店曾成功地为某部门举办了500人的“威尼斯狂欢节”，酒店不但为客人精心准备了美味的晚餐，同时对餐台的设计也下了一番工夫。由于主题是“威尼斯狂欢节”，因此整个厅堂以白色、墨绿色绸垫布，配以墨绿色菱形椅套，椅背上配白色蝴蝶形椅带。餐台的花台是另一个亮点，打破了传统花台的摆设，而选用了1m高的铁艺架子，架子中间摆放一个正方形的彩色蜡台，围绕着铁艺架子插满白色的玫瑰花，新颖别致的花架既点缀装饰了餐厅，又具有实用价值，使每张餐桌像一个迷你的花坛。当客人们步入厅堂时，随即传来了大家的赞叹声，当客人享受到第一道美食时，全场响起了雷鸣般的掌声。这家酒店通过这一成功的宴会，从周边的五星级酒店“抢”了至少5个500人以上的大型宴会。

分析：有人说，餐桌应该美丽，应该是艺术的集萃、生活的创意。某酒店“威尼斯狂欢节”主题宴会不仅给宾客提供了美食和优质服务，还使宾客享受到别样的餐桌文化。因此，要想给客人耳目一新的感觉，必须在提高服务质量的同时，做好餐台创新工作，使客人不但能享受到，而且还能感受到与众不同的就餐氛围，并为此流连忘返。

理论知识

一、中餐主题宴会台面的种类

1. 中餐主题宴会台面设计的概念

中餐主题宴会台面设计就是餐饮部门或宴会策划部门根据宴会的主题、规模、档次、餐饮风格、就餐环境、场地形状、客人特殊需求等要求，通过一定的艺术手法和表现形式，布置优雅大方、实用美观的就餐台面。

2．中餐主题宴会台面的分类

按主题宴会台面用途及风格分类，中餐主题宴会台面分为婚宴、生日庆寿宴、节庆宴、风味宴、仿古宴、正式宴会、休闲宴台面等。

3．主题宴会台面的设计

主题宴会台面一般多采用小件餐具、餐巾花、花卉、冷碟、水果、台布和其他物件摆成各种图案对餐台进行装饰，供宾客就餐前观赏，上菜前要把妨碍就餐的部分物件撤去，如图 5-37 和图 5-38 所示。

图 5-37

图 5-38

二、中餐主题宴会台面设计的因素及方法

1．中餐主题宴会台面设计的因素

一个成功的主题宴会台面设计，既要充分考虑到宾客就餐的需求，又要有大胆的构思、创意，将实用性和观赏性完美地结合起来，所以在主题宴会台面设计时，至少要考虑以下几个因素：

（1）目标宾客的需求。在进行主题宴会台面设计时，首先需要了解目标宾客的需求，把其作为第一设计要素；在此基础上，需要加上新、奇、特的创意来更加完美地体现目标宾客的意愿。

（2）宴会的主题和档次。主题宴会台面设计应突出宴会的主题。例如，婚庆宴会就应摆“喜”字席、玫瑰花台、百合花台等台面。同时，主题宴会台面设计还应根据宴会档次的高低来决定餐位的大小、装饰物及餐用具的造价、质地和件数等。

（3）主题宴会美观性。主题宴会台面设计在满足以上实用性的基础上，应结合文化传统、美学结构进行创新设计，将各种餐具加以艺术陈列和布置，起到烘托宴会气氛、增强宾客食欲的作用。

（4）宾客就餐习惯和礼仪。主题宴会台面设计时，应充分考虑宾客的礼仪习惯和宗教信仰，餐具、台布、台裙、餐巾颜色及所选用的插花或餐巾折花应符合宾客的民族风俗和宗教信仰等。

（5）安全卫生是饮食行业提供服务的前提和基础，也是主题宴会台面设计时应考虑的重要因素之一。

2．中餐主题宴会台面设计的方法

（1）结合实际，选定主题。主题宴会台面设计首先要明确宴会主题，确定主题宴会台面主题的依据是目标宾客的用餐目的、年龄结构、消费习俗、顾客心理、经济状况等因素。

（2）主题宴会台面的命名。大多成功的主题宴会台面，都拥有一个别致而典雅的名字，这便是台面的命名。只有给主题宴会台面恰当的命名，才会突出宴会的主题，暗示台面设计的艺术手法，增加宴会气氛。其具体命名依据主题宴会台面的寓意。

（3）围绕主题，精心配置。

1）台布的选择与台裙装饰。每个主题宴会都有它的特定主题，当然也要有和主题相配合的装饰。因此，台布、台裙的颜色、款式的选择要根据宴会主题来确定，以体现服务的内涵。例如，寿宴餐台可以选用红、黄相间的动感台裙，色彩传统，造型现代。红的热烈，黄的富贵，使寿宴主题尽显其中。

2）餐具的选择与搭配。设计时要大胆地把不同风格的餐具引为自用或特制出精美的主题餐具，搭配出形态万千的摆台造型。不仅满足了顾客进餐的需求，同时也有渲染主题宴会气氛、暗示促销和美化的作用。

3）餐巾折花造型。丰富多彩的各类各色餐巾通过一些折法的变化和手艺的创新，可以折叠出千姿百态的造型，并能衬托出宴会的主题和气氛。

4）主题插花或主题造景设计。台面花台造型设计是主题宴会台面布置的一项艺术性很强的工作，要求根据不同类型的主题宴会，设计出不同花型，既美化环境、丰富餐台造型，又增加了宴会和谐、美好的气氛，体现出宴会的隆重。

5）餐椅的布置。通过对餐椅的椅外增加纺织品坐垫、椅套等作为装饰，以改变其色调与风格，使其与餐台的其他用品协调，与整个宴会主题相符合。

在中餐主题宴会台面设计中还应注意餐垫、筷套、台号、席位卡、菜单布置与装饰，虽然它们是一个小的因素，但其作用不容忽视，必须根据宴会的主题风格、花台的主色调、餐具的档次、宴会的规格、宾客的需要精心策划与制作。

三、中餐主题宴会台面的实例

1．结婚喜庆台面

结婚喜庆台面，营造喜气洋洋的气氛，如图 5-39 和图 5-40 所示。

图 5-39

图 5-40

2．生日庆寿台面

生日庆寿台面，营造福寿满堂的气氛，如图 5-41 所示。

3．纪庆台面

纪庆台面，营造兴高采烈的气氛，如图 5-42 所示。

图　5-41

图　5-42

4．四季装饰台面

四季装饰台面，营造与四季相合的气氛，如图 5-43 所示。

5．奠字台面

奠字台面，营造肃穆哀悼的气氛，如图 5-44 所示。

图　5-43

图　5-44

6．其他装饰台面

其他装饰台面，营造热烈、友好、尊敬的气氛，如图 5-45～图 5-48 所示。

图　5-45

图　5-46

图　5-47

图　5-48

四、主题宴会台面花台的设计

1．主题宴会花台的设计原则

要想成功地设计宴会花台造型，除了掌握插花艺术的基本原理，还必须遵循主题宴会花台设计的一般规律和原则。

（1）花台应突出宴会主题。宴会花台主题的确定是依据宴会的主题，如大型中式国宴花台可制作为端庄大方、艳丽多彩、体量宜大、花材种类多样化的圆形为主的花台，以突出庄严隆重、和平友好的主题。

（2）花台应与主题宴会餐台设计风格相吻合。主题宴会台面造型设计虽多种多样，但大致多分为中式台面造型设计、西式台面造型设计和日式台面造型设计三大类，而插花的风格也有东方与西方之别、现代与传统之分。所以，宜采用与餐台造型设计风格相同的花台造型。

（3）花台应不阻挡宾客视线。主题宴会花台造型设计时，花的总体高度最好不超过25cm左右，若超过，应用高杆挑起。台花过高会影响用餐者的视线，也不利于用餐者的感情交流。

（4）花台应讲究卫生，防止食品污染。由于主题宴会餐台上主要供给的是饮食品，它关系到进餐者的健康。所以，插花盛器、花泥、鲜花、浇花水的选择及操作卫生应予以充分注意，防止食品污染。

2．主题宴会花台的构思立意和花材选取

（1）主题宴会花台的构思立意。主题宴会花台作品的构思立意应注意以下几点：

1）构思立意要明确插花作品的目的、用途以及创作主题思想。

2）构思立意要明确花台作品的陈设环境。主题宴会花台作品的构思要考虑宴会厅的环境、餐台设计风格、餐桌的大小等来进行创作。

3）构思立意要新颖创新。构思立意主题宴会花台作品时，选题与制作应该注意创新，不能惯用传统的或别人的立意。所谓设计，就应该有新意，打破旧框框，不被以往的模式所左右，让参加宴会的宾客见到的是以往没有见过的花台造型，才能够感到新奇，富有吸引力，从而达到一定的效果。

（2）主题宴会花台的花材选取。正确地选择合适的花材必须注意以下几点：

1）要了解花材的季节特色和花的寓意，合理选材，突出主题。四季花材各具特色，因而所表达的意境也不尽相同。把握各季花材的特色和花的寓意，有助于正确选择花材，借花寓意，准确地表现作品的主题，避免产生用花的误解。

2）要注意各民族的用花习俗。主题宴会花台选材时，一定要尊重不同国家、不同民族的用花风俗，选用最合适、最能表达主人心愿的花材，避免使用忌讳的花材。

3）要注意花器与花材的配用。“花器”是主题宴会花台不可缺少的主要“构件”，容器的开口、色彩质地、大小与花材是相辅相成的。因而在选择容器时，必须强调与插花设计的风格、构思、构图、花材色彩、花枝疏密以其柔顺、挺拔等相吻合，以其达到加强花台作品的目的。

4）要注意花材色彩的和谐。在主题宴会花台花材选择时要根据宴会的主题灵活掌握花卉与花卉之间的关系。

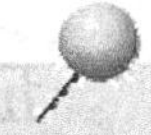

知识链接

常见花材花语

玫瑰：爱情、爱与美、容光焕发。

风信子：喜悦、爱意、幸福、浓情。

百合：纯洁、百年好合。

并蒂莲：夫妻恩爱。

长春花：追忆。

杜鹃：艳美华丽、生意兴隆、节制、温和。

大波斯菊（白）：纯洁。

百合：顺利、心想事成、祝福、高贵。

鸢尾（爱丽斯）：好消息、使者、想念你。

向日葵：爱慕、光辉、忠诚。

非洲菊（扶郎花）：神秘、兴奋。

玛格丽特：骄傲、满意、喜悦。

山茶花：可爱、谦让、理想的爱、了不起的魅力。

菊花：清净、高洁、我爱你、真情。

石竹：纯洁的爱、才能、大胆、女性美。

柏树：永葆青春。

波斯菊：永远快乐。

常春藤：友情。

大丽花：大吉大利。

郁金香：爱的表白、荣誉、祝福永恒。

康乃馨：母亲我爱您、热情、真情。

天堂鸟：潇洒、多情公子。

牡丹：圆满、浓情、富贵。

三色堇：沉思、请想念我。

（1）图案的寓意。

1）白头富贵：白头翁鸟伫立于牡丹之上，寓意长命富贵，白头到老。

2）春光长寿：山茶花上栖息着绶带鸟，“绶”与“寿”谐音，象征春光长寿。

3）喜上眉梢：梅花树上栖息着喜鹊，“梅”与“眉”谐音，象征喜上眉梢。

4）室上大吉：大公鸡伫立于石上，寓意大吉大利。

5）金玉满堂：金鱼在水中漫游，“玉”与“鱼”谐音，寓意金玉满堂，财富丰盛。

6）举家欢乐：黄雀飞翔在菊花丛中，寓意举家欢乐，和和美美。

7）长命百岁：100个寿字组成百岁图，象征长命百岁。

8）福寿双全：蟠桃或寿字与蝙蝠组合，象征福寿双全。

9）福如东海：蝙蝠与大海组合，寓意福如东海。

10）龙凤呈祥：龙飞凤舞雕饰，象征龙凤呈祥。

11）四季平安：四季花卉组合，象征四季平安。

12）长寿：撰写拉长的寿字，寓意长寿。

13）囍：表示喜上加喜。

（2）表示祥瑞的动物、植物、物品和传说中的人物。

1）植物：桃、松、柏、菊、牡丹、玫瑰、灵芝、石榴、葡萄和佛手等。

2）动物：龙、凤、麒麟、羊、龟、鹿、鹤、喜鹊和蝙蝠等。

3）物品：黄色的台布、如意等。

4）传说中的人物：八仙、寿星、文曲星和财神等。

5）可以把上述四者组成许多祥瑞图案。

五、圣诞节宴会餐台布置范例

（1）所需布件：带有圣诞色彩的红色和绿色餐巾各 5 条，红色和绿色椅套各 5 副，金色宽幅缎带 10 根，红色筷套 10 副。

（2）其他餐台装饰物：金色餐巾环 10 只，由八角金盘、巴西叶、金色及红色小球、红绿相间条纹缎带、金色叶状饰物、圣诞红、4 根金色蜡烛组成的球形装饰品，红、绿蜡烛各 3 根，带有圣诞气氛的装饰小画。效果如图 5-49 所示。

图 5-49

技能训练

1. 流程

插花等单项技能训练→宴会主题台面设计训练→宴会主题摆台训练。

2. 具体训练步骤指导

（1）插花等单项技能训练：训练步骤见项目六任务三插花训练。

（2）宴会主题台面设计训练。

内容：设计 3 个主题，即婚宴、生日宴和纪庆宴。各组学生根据主题撰写文字创意方案，画出草图，并选派代表阐述并展示。

要求：主题突出，寓意深远，方便实用、控制成本。

注意：营造气氛；台布、餐巾的颜色和花形与餐台中心装饰物的巧妙应对；台形和台名贴切。

步骤：

教师要求学生在课前通过网络、图书作好知识准备

教师展示并分析各个主题台面的影像资料以拓宽学生思维

各组依据抽签决定主题进行设计，以小组为单位进行练习，撰写文字创意方案，画出草图

每组推荐一名学生进行阐述并展示草图，其他小组就阐述和草图进行提问，探讨设计的合理性

各小组根据其他小组的意见再次进行讨论、修改，最终确定本小组的设计方案

教师对各小组的方案进行总结

（3）宴会主题摆台训练。

内容：根据各组设计方案选择所需台布、餐巾、小餐具和装饰物进行摆台。

要求：台型优美，形态生动，入目就能展现突出主题的浓厚氛围。

注意：席面美观、结构紧凑；手法细腻，清洁卫生；台形和台名贴切。

步骤：

摆台以小组为单位，各小组以本组的设计方案进行摆台后，组内自查

以小组为单位进行练习，各小组分别检查其他小组摆放的效果，并提出修改意见

各小组根据其他小组的合理建议进行调整，形成最后的台面效果

组织其他专业教师和各小组代表组成评委组，评出优胜组，并给予奖励

技能训练注意事项

（1）继承传统与创新的有机结合。

（2）从整体出发，从细微处着手。

（3）审美与色彩知识的运用。

（4）将观赏效果、方便实用和清洁卫生相结合。

学习评价

中餐宴会主题摆台能力评价评分表，见表5-5。

表 5-5　中餐宴会主题摆台能力评价评分表

考 评 人		被考评人	
考评地点			
考评内容	中餐宴会主题摆台能力		
	内　容	分值/分	实际得分/分
主　题	新颖	15	
	创意	15	
	表现	10	
操　作	规范	15	
	卫生	5	
台　面	装饰	10	
	摆放	10	
	方便就餐，方便就餐服务	10	
	美观	5	
	成本控制	5	
合　计		100	

注：1．考核满分为 100 分，60～69 分为及格；70～79 分为中等；80～89 分为良好；90 分及以上为优秀。

2．该成绩以小组为单位进行计算，组内成员成绩相同。

项目六　餐厅布置训练

对餐厅来说，希望通过优美的环境和独特的装修手法对餐厅进行布置，给客人留下良好的印象和深深的记忆，从而激起客人再来的愿望。

任务一　场景的布置训练

学习目标

通过观察让学生了解进餐环境的气氛、情调与进餐活动有密切的关系。了解国宴、正式宴会、便宴在场景布置上各自的特点。学会根据宴会的性质和规格的高低，进行宴会的场景布置。掌握一般主题宴会，如婚宴、寿宴、生日宴和迎宾宴、公司年会庆典等的场景布置。

引导学生发挥个性，培养学生的知识应用能力、信息获取和选择能力、动手实践的能力。培养学生的交际、沟通能力和获取知识的能力，让学生充分发挥主观能动性和创造性。培养学生集体合作，互帮互助的团队精神。

学习准备

（1）将学生分成若干组，每组 10 人，每组由一名学生负责。

（2）每位学生带好纸笔，准备一台数码相机或摄像机。

（3）进行安全守纪教育，一切活动以不影响饭店工作为前提。

（4）以组为单位交流总结。

（5）训练时间安排：4 学时。

情景设置

组织学生到某星级酒店餐饮部参观，在酒店举行正式宴会和一般主题宴会前，让学生观察记录宴会前餐厅场景的布置，主要观察宴会前设施、设备的准备，以及装饰物的布置。能总结出不同性质、规格的宴会在场景布置上的特点及应该体现出的气氛和情调，在布置中如何突出宴会主题。学生作好记录，谈谈观察学习的体会，交流总结。

理论知识

一、宴会场景布置的基本要求

我国的美食讲究进餐环境的气氛和情调。因而，在场景布置方面，应根据宴会的性质和规格的高低来进行，要体现出隆重、热烈、美观、大方，又具有我国传统的民族特色。

场景布置前首先要根据宴会厅的形状、实用面积和宴会要求设计台型。在布置中做到既要突出主台，又要排列整齐、间隔适当；既要方便宾客就餐，又要便于服务员席间操作。通常，宴会每桌占地面积标准为 10～12m^2，桌与桌之间距离为 2m 以上。重要宴会的主通道要适当宽敞一些，同时铺上红地毯，突出主通道，如图 6-1 所示。

图　6-1

场景布置的要素很多，主要有盆景花草、画屏字画、灯光音响、温度色彩、设施设备，以及其他装饰物。

（1）盆景花草。宴会厅用盆景花草布置会场，具有美化场地、庆贺圆满成功之意。例如，祝贺结婚可用玫瑰、百合来表示真爱天长地久。

（2）画屏字画。可以突出宴会主题，增加宴会的文化氛围，提高宴会档次。

（3）灯光音响。餐厅照明应与餐厅的环境布置的风格相协调，来创造完美和谐的进餐环境。为满足进餐的传统心理需求，创造金碧辉煌、热烈兴奋的环境气氛，因此，灯光多采用金黄或红黄色光，而且大多使用暴露光源，使之产生轻度眩光，以进一步增添热闹的气氛。宴会厅应播放与宴会气氛相协调的音乐。

（4）温度色彩。宴会厅的室温要注意保持稳定，且与室外气温相适应。一般冬季保持在 18～20℃，夏季保持在 22～24℃。场景布置离不开色彩，良好的色彩运用能产生完美的室内空间气氛，从而增进宾客的舒适感和愉悦感。餐厅的场景布置一般宜用暖色，以红、黄为主调，辅以其他色彩，丰富其变化，以创造温暖热情、欢乐喜庆的环境气氛，迎合进餐者热烈兴奋的心理要求。

（5）设施设备。先进的设施设备是宴会布置不可缺少的一部分。例如，音响设备、大屏幕的投影等。这些设施设备要有专人负责，宴会前必须认真检查，保证宴会期间的正常使用，保证不发生任何事故。宴会期间要有工程人员值班，一旦发生故障立刻组织抢修。

（6）其他装饰物。装饰物布置应该围绕宾客进餐主题进行，一切装饰物的布置都是为宾客餐饮活动服务，应有助于宾客心情舒畅和对餐饮食物的品尝。

二、几种宴会场景的布置

（1）休息室的布置。休息室是客人宴会前后进行休息、会谈、会见的地方。休息室一般放置沙发、茶几、地毯等必需的设备设施。另外，视装修风格和实际情况也可配备钢琴、古玩厨架、鲜花、盆景等。休息室的布置要求庄重，既便于客人休息、会见、会谈时就座，又便于进入餐厅就餐。

（2）国宴的场景布置。这种宴会规格最高，庄严又隆重。场景布置上不要张灯结彩，做过多的装饰，要突出严肃、庄重、大方的气氛，如图 6-2 所示。

要在宴会厅的正面并列悬挂两国国旗，设乐队演奏国歌及席间乐，如图 6-3 所示。

图 6-2

图 6-3

（3）正式宴会的场景布置。一般在宴会厅周围摆放盆景花草，或在主台后面用花坛、画屏、大型青枝翠树盆景装饰，用以增加宴会的隆重盛大、热烈欢迎的气氛。不要张灯结彩，做过多的装饰，要突出严肃、庄重、大方的气氛。一般设有致词台，致词台一般放在主台附近的后右侧，装有两个麦克风，台前用鲜花围住。扩音器应由专人负责，事前要检查并试用，防止发生故障或产生噪音。临时拉设的线路要用地毯盖好，以防发生意外，如图 6-4 所示。

图 6-4

（4）一般主题宴会的场景布置。

1）婚宴场景设计。婚宴场地的布置，往往离不开鲜花、轻纱、布艺、灯光、写真、烛台、浪漫泡泡、丝带和汽球等，充分运用这些材料，就能营造出一个童话的仙境，创造出一个极具浪漫情调的婚宴场所，如图 6-5 所示。

宴会厅入口处的布置：要让人未进入婚礼场地，就能感受到婚礼的气氛，那么就要在入口处花些心思。圆形拱门是不可缺少的。金色做主色的半月形拱门，用鲜花和气球来点缀，简约高贵，更加突出婚礼的气氛，如图 6-6 所示。

图 6-5

图 6-6

宴会厅厅内的布置：通道铺上红色的地毯，加上四周满满的鲜花配以冷焰火，新人入场，焰火的浪漫和鲜花的灿烂，给人一种热闹喜气的感觉，如图 6-7 所示。

宴会厅舞台背景及餐台的布置：婚礼舞台布置最重要。要在靠近主台的墙壁上挂上“囍”字。可以由鲜花或者气球做成两个相连的爱心，在舞台上放上花台，还可以放上一对新人的照片，如图 6-8 所示。

图　6-7

图　6-8

每个餐台中央可以放上玫瑰花束和气球，增加浪漫气氛，如图 6-9 所示。

图　6-9

其他装饰物的布置：为了更好地创造高雅、时尚、浪漫、温馨的婚礼氛围，还可以使用一些装饰物。例如，水晶烛台、冷焰火、泡泡机、追光灯和香槟塔等装饰物的使用，可以使婚礼细节更加出众，如图 6-10 所示。

图　6-10

2）寿宴场景设计。寿宴要在靠近主台的墙壁上挂上“寿”字，如图 6-11 所示。生日宴要有“生日快乐”字样。

图 6-11

3）欢迎宴场景设计。要迎合宾客喜气洋洋的心理状态，因而，场景布置讲究热烈、兴奋、辉煌、华贵。

另外，亲朋聚餐场景要求温馨安逸、恬静舒适。随意小酌场景则要求轻快舒畅、无拘无束。

色彩对人的情感有着极大的影响，餐饮场景色彩设计必须考虑色彩与宾客情绪、食欲的关系。心理学实验证明，黄色灯光下的食物菜肴显得十分鲜嫩、可爱，同样的食物，在蓝色灯光下却呈现出腐败、变质的感觉。一般来说，暖色调容易引起食欲，冷色调则会使食欲减退。

知识链接

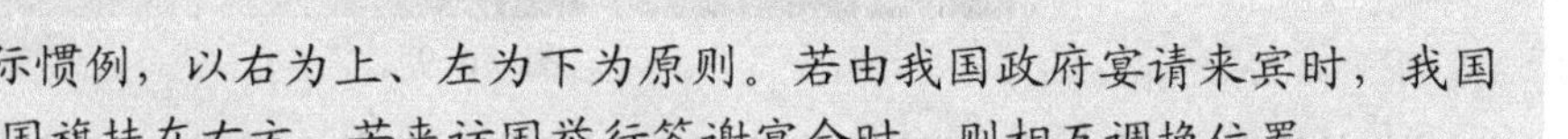

国旗的悬挂按照国际惯例，以右为上、左为下为原则。若由我国政府宴请来宾时，我国的国旗挂左方，外国的国旗挂在右方。若来访国举行答谢宴会时，则相互调换位置。

三、情人节自助餐厅布置的范例

彩球装饰是一种时尚的艺术。用气球作为主体材料，巧妙地编织成各种造型、图案或文字，给人们强烈的视觉冲击，适用于婚礼、晚会、庆典或大型广场活动等场合，烘托欢乐气氛，制造热烈场面，带来非同寻常的感受。彩球装饰，题材广泛，灵感纷呈，其典型题材有：拱门装饰、心状装饰、星状装饰、立柱装饰、编网装饰和球链装饰等。

师生合作设计一个情人节自助餐厅布置方案，进行交流，选出最佳方案，用幻灯片方式完成设计方案，并一起完成最后的布置。通过先了解情人节餐厅布置要求，再安排布置的顺序，完成整个方案，培养学生的知识应用能力和动手实践能力。让学生充分发挥主观能动性和创造性。培养学生集体合作，互帮互助的团队精神。

1．宴会厅入口

宴会厅大门外，准备一个很大的心型镂空装饰，大约 100cm×100cm 大小，供当天进餐厅的情侣拍照留念。宴会厅大门，贴心形和玫瑰花图案，粉色气球点缀。

2．宴会厅厅内

（1）整个餐厅台布全部是白色，口布全部是粉红色的。
（2）餐椅选择白色，搭配粉红色的纱围装饰。
（3）每张餐桌准备一支玫瑰和一块情人节巧克力。

3．餐厅舞台背景

舞台背景也设计为白色和粉红色，贴有一些心形和玫瑰花装饰，准备一个大箱子，让用餐的男士写上对女士的一段爱的誓言。席间，由男士读给女士听，然后挂在旁边的情人树上。

4．所需物品

（1）红色心形镂空装饰为100cm×100cm。
（2）相机。
（3）粉色气球若干。
（4）白色台布、粉红色口布若干。
（5）大箱子一个。
（6）玫瑰花巧克力若干。
（7）卡片纸若干。
（8）心形装饰贴画若干。
（9）情人树，高约1.5～2m。

布置效果图，如图6-12、图6-13所示。

图 6-12

图 6-13

技能训练

1．流程

根据生日宴会要求合理进行宴会场景设计的讨论→完成生日宴设计方案。

2．具体训练步骤指导

内容：以孩子十岁生日为例，进行宴会场景设计。

步骤：

根据生日宴要求合理进行宴会场景设计的讨论

⇩

教师进行场景设计讨论的总结

⇩

各小组完成设计方案（书面报告或幻灯片方式）

⇩

教师进行设计方案的合理性检查

技能训练注意事项

（1）场景布置应根据餐饮内容设计相应主题进行，要突出主题，考虑儿童进餐者的心理要求。

（2）一切装饰布置都应该围绕儿童生日主题进行，为宾客餐饮活动服务，应有助于使宾客心情舒畅。

要求：

（1）大型宴会的布置要突出主桌和主席位。正面墙壁装饰为主，对面墙次之，侧墙面再次之。餐厅照明应强于过道走廊照明，而餐桌照明则应强于餐厅其他空间照明。

（2）场景布置应形成统一和谐的风格。

（3）学生分成 4 个小组，按小组设计生日宴的场景布置，组内讨论方案的合理性和可行性并拿出设计方案，用书面报告或者幻灯片的方式完成设计方案。

学习评价

餐厅场景布置能力评价评分表，见表 6-1。

表 6-1　餐厅场景布置能力评价评分表

考评人		被考评人	
考评地点			
考评内容	餐厅场景布置能力		
	内　容	分值/分	实际得分/分
考评标准	主题突出，气氛协调	20	
	设施设备完好齐全	10	
	温度舒适，色彩愉悦	10	
	盆景花草，画屏字画使用恰当	10	
	灯光音响与环境布置风格协调、完美和谐	10	
	其他装饰物选择合适、安全，适合儿童特点	10	
	场景布置与宴会性质一致	10	
	整体效果和谐统一	20	
合　计		100	

注：考核满分为 100 分，60～69 分为及格；70～79 分为中等；80～89 分为良好；90 分及以上为优秀。

任务二 宴会桌次席位安排训练

学习目标

在学生已经掌握相关技能的基础上，通过较大宴会的桌次与席位布置的练习，使学生认识并初步掌握中餐宴会桌次席位安排的方法与技巧。

学习准备

（1）全班分为 5 个小组，每组由一名学生负责。

（2）每位学生带上笔、笔记本、圆规和直尺。

（3）实习室备好多媒体教学设备。

（4）训练时间安排：4 学时。

情景设置

某日，一家星级饭店宴会部接到预订，一周后，某上市公司将要举行一个规模较大的招待宴会，宴请各地的客户，预计有 36 桌。主管要求领班小王组织员工安排好桌次席位。假如你是小王，你该怎么布置招待宴会呢？

理论知识

中餐的席位排列关系到来宾的身份和主人给予对方的礼遇，所以是一项重要的内容。

在不同情况下，中餐席位的排列有一定的差异。主桌应放在面向餐厅主门，能够纵观全厅的位置。排列可以分为桌次排列和位次排列两方面。

一、桌次排列

在中餐宴请活动中，往往采用圆桌布置菜肴、酒水。餐桌的排列，十分强调主桌的位置。主桌应放在面向餐厅主门，能够纵观全厅的位置。排列圆桌的尊卑次序，有以下几种情况。

（1）一桌宴会尽可能把餐桌摆放在宴会厅的中央位置，如图 6-14 所示。

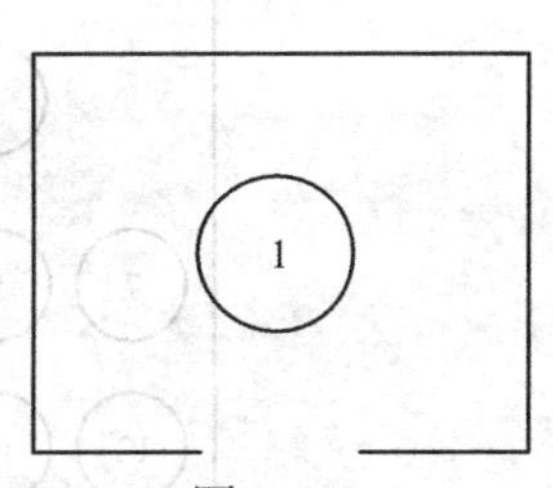

图 6-14

（2）由两桌组成的小型宴请。这种情况又可以分为两桌横排和两桌竖排的形式。

当两桌横排时，桌次是以右为尊，以左为卑。这里所说的右和左，是由面对正门的位置来确定的，如图 6-15 所示。

当两桌竖排时，桌次讲究以远为上，以近为下。这里所讲的远近，是以距离正门的远近而言的，如图 6-16 所示。

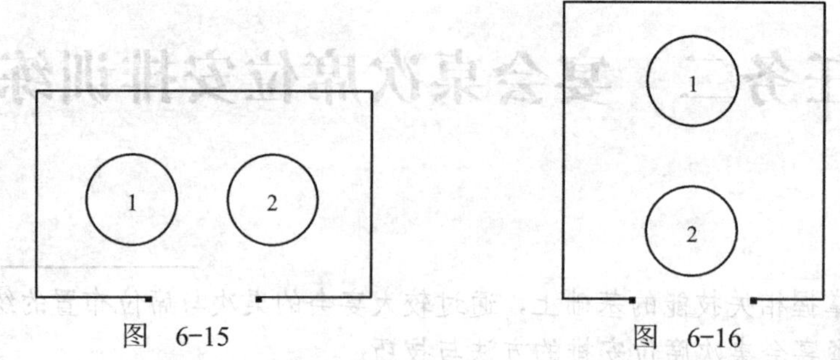

图 6-15　　　　图 6-16

（3）由3桌或3桌以上的桌数组成的宴请。在安排多桌宴请的桌次时，除了要注意“面门定位”、“以右为尊”、“以远为上”等规则外，还应兼顾其他各桌距离主桌的远近。通常，距离主桌越近，桌次越高，距离主桌越远，桌次越低，如图6-17所示。

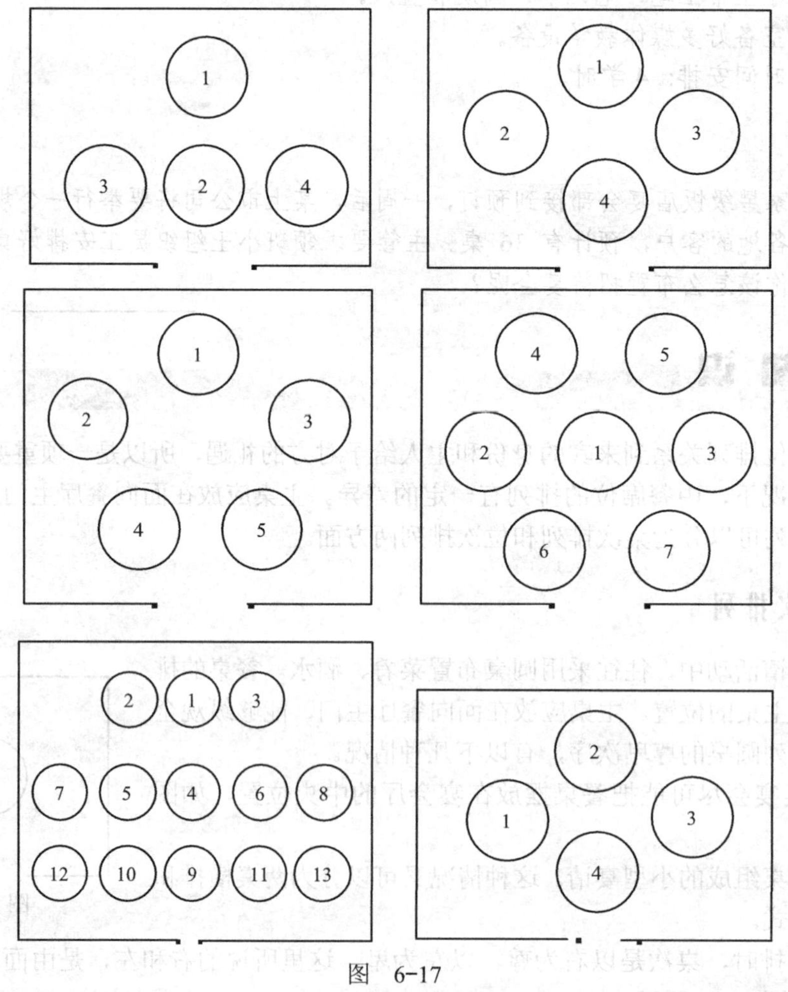

图 6-17

在安排桌次时，所用餐桌的大小、形状要基本一致。除主桌可以略大外，其他餐桌不要过大或过小。

为了确保在宴请时，赴宴者及时、准确地找到自己所在的桌次，可以在请柬上注明对方所在的桌次，在宴会厅入口悬挂宴会桌次排列示意图，安排引位员引导来宾按桌就座，在每张餐桌上摆放桌次牌（可用阿拉伯数字书写）。

二、席位排列

宴请时，每张餐桌上的具体席位也有主次尊卑的分别。排列位次的基本方法有 4 条，它们往往会同时发挥作用。

（1）主人大都应面对正门而坐，并在主桌就坐。

（2）举行多桌宴请时，每桌都要有一位主桌主人的代表在座。位置一般和主桌主人同向，有时也可以面向主桌主人，如图 6-18 所示。

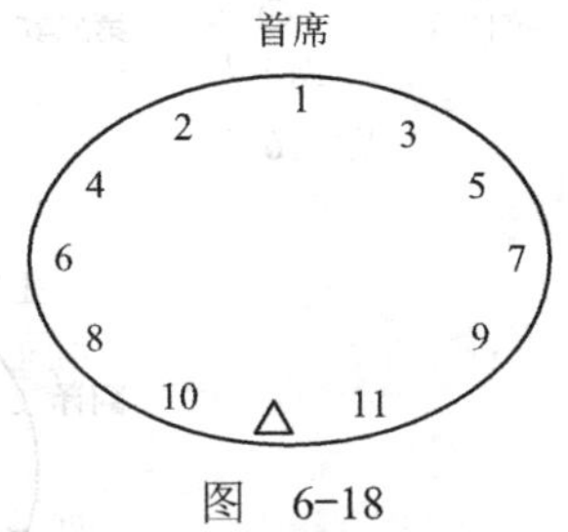

图 6-18

（3）各桌位次的尊卑，应根据距离该桌主人的远近而定，以近为上，以远为下。

（4）各桌距离该桌主人相同的位次，讲究以右为尊，即以该桌主人面向为准，右为尊，左为卑。

根据上面 4 个位次的排列方法，圆桌位次的具体排列可以分为两种具体情况。它们都是和主位有关。

（1）每桌一个主位的排列方法。特点是每桌只有一名主人，主人座位在上首，面向众席（背对重点装饰面），主宾在右首就座，每桌只有一个谈话中心，如图 6-19、图 6-20 所示。

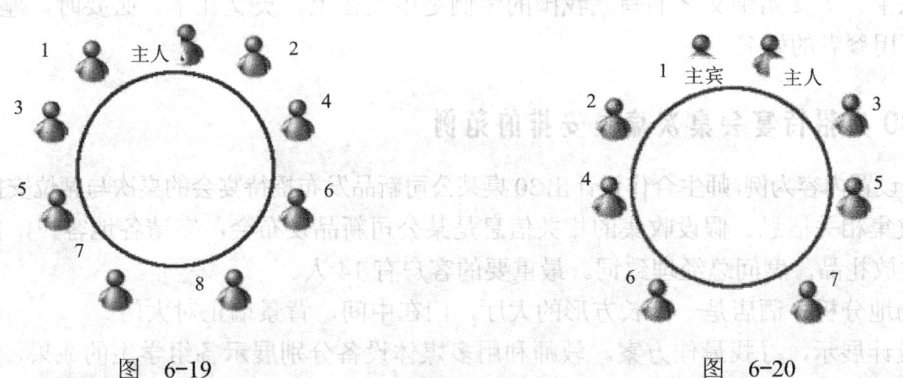

图 6-19　　图 6-20

（2）每桌两个主位的排列方法。特点是每桌有两名主人，主人座位在上首，副主人在主人对面，主宾在主人右侧，副主宾在副主人右侧，翻译在主宾右侧，每桌客观上形成了两个谈话中心，如图 6-21、图 6-22 所示。

若主人、主宾夫妇在同一桌就座，以女主人为副主宾，主宾和主宾夫人则分别在男女主人右侧就座；若不以女主人为副主宾，则主人、主宾位置不变，主宾夫人在主人的左侧，主人夫人在主宾夫人的左侧，如图6-23所示。

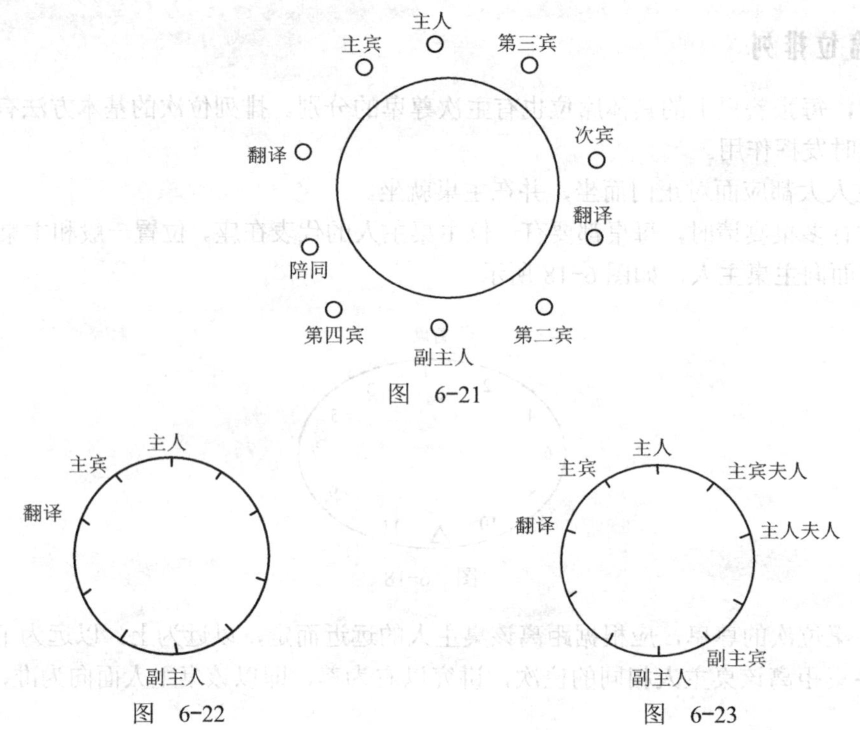

图 6-21

图 6-22

图 6-23

如果主宾身份高于主人，为表示尊重，也可以安排在主人位子上坐，而请主人坐在主宾的位子上。

为了便于来宾准确无误地在自己位次上就座，除接待人员和主人要及时加以引导指示外，应在每位来宾所属座次正前方的桌面上，事先放置醒目的个人姓名座位卡。举行涉外宴请时，座位卡应以中、英文两种文字书写。我国的惯例是中文在上，英文在下。必要时，座位卡的两面都书写用餐者的姓名。

三、30桌招待宴会桌次席位安排的范例

以情景设置内容为例，师生合作设计出30桌某公司新品发布招待宴会的桌次与席位安排草图。

（1）收集相关信息。假设收集的相关信息是某公司新品发布会，宴请各地客户，预计30桌，需要发放礼品，席间总经理致词。最重要的客户有14人。

（2）场地分析。酒店是一个长方形的大厅，门在中间，背景墙正对大门。

（3）设计展示，寻找最佳方案。教师利用多媒体设备分别展示各组学生的成果，先请各组推荐一名学生讲述本组的创作思路，再引导学生寻找各组的优点，然后寻找各组的不足之处，最终评出最佳方案。

（4）完善方案。在学生最佳方案的基础上，设计出30桌招待宴会的桌次与席位安排草图，如图6-24～图6-26所示。

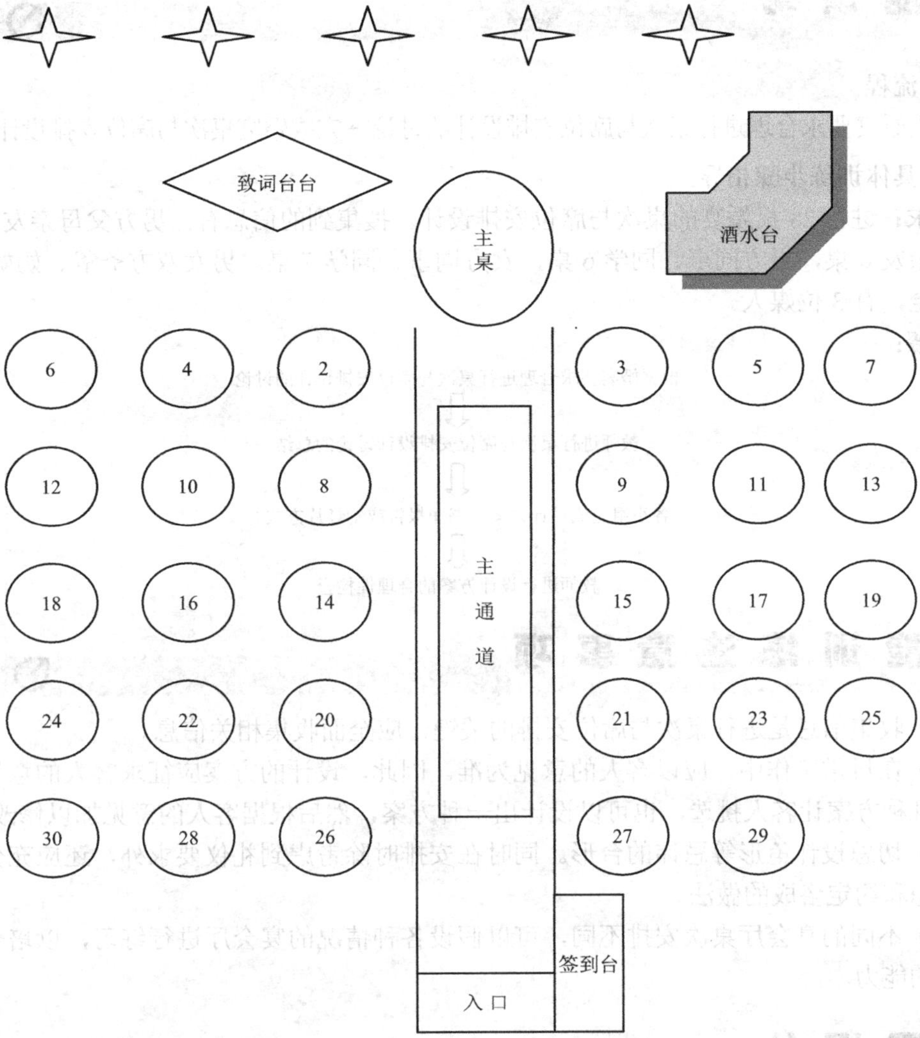

致词台台
主桌
酒水台
6　4　2　3　5　7
12　10　8　9　11　13
18　16　14　15　17　19
24　22　20　21　23　25
30　28　26　27　29
主通道
签到台
入口

图　6-24

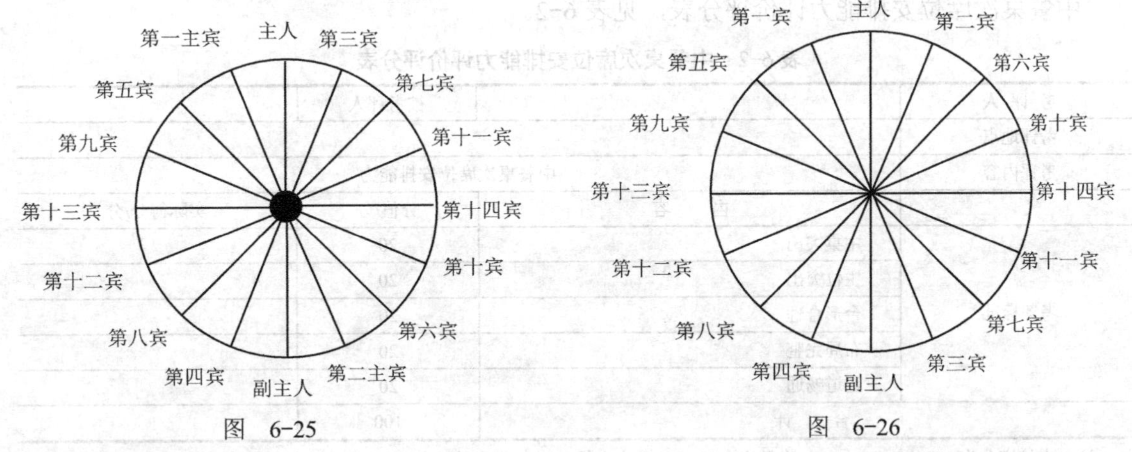

图　6-25

图　6-26

技能训练

1．流程

根据婚宴要求合理进行桌次与席位安排设计的讨论→完成婚宴桌次与席位安排设计方案。

2．具体训练步骤指导

要求：进行28桌婚宴的桌次与席位安排设计。搜集到的信息有：男方父母亲友8桌，女方父母亲友6桌，男方同事、同学6桌，女方同事、同学7桌。男女双方爷爷、奶奶、爸爸、妈妈健全，有3位媒人。

步骤：

根据婚宴要求合理进行桌次与席位安排设计的讨论

⇩

教师进行桌次与席位安排设计讨论的总结

⇩

各小组完成设计方案（书面报告或幻灯片方式）

⇩

教师进行设计方案的合理性检查

技能训练注意事项

（1）收集信息是进行桌次与席位安排的关键，应全面收集相关信息。

（2）在日常工作中，应以客人的意见为准。因此，设计的方案应征求客人的意见，可以多设计几种方案让客人挑选，也可以设计出一种方案，然后根据客人的意见加以修改。

（3）切忌设计龟形等忌讳的台形。同时在安排时除考虑到礼仪要求外，还应充分考虑民间的禁忌和约定俗成的做法。

（4）不同的宴会厅桌次安排不同，可以假设各种情况的宴会厅进行练习，以培养学生安排桌次的能力。

学习评价

中餐桌次席位安排能力评价评分表，见表6-2。

表6-2 中餐桌次席位安排能力评价评分表

考评人		被考评人	
考评地点			
考评内容	中餐桌次席位安排能力		
	内　　容	分值/分	实际得分/分
考评标准	主桌突出	20	
	主位突出	20	
	台形合理	20	
	布局完整	20	
	通道畅通	20	
合　　计		100	

注：考核满分为100分，60～69分为及格；70～79分为中等；80～89分为良好；90分及以上为优秀。

任务三 插花训练

插花艺术的起源应归于人们对花卉的热爱，通过对花卉的定格，表达一种意境来体验生命的真实与灿烂。

宾馆服务人员要根据环境的不同，分别对其环境进行美化，使宾馆的环境富有个性和情调。要使其作品和所处的环境融为一体，对于服务人员来说就要考虑所布置环境的特点、插花的造型、色彩搭配以及所表现的艺术韵味等。运用插花的形式表达给客人艺术感，烘托出不同环境的艺术气氛，使客人产生心情的愉悦。

学习目标

通过插花学习，使学生作为一名宾馆服务人员，除了具有服务人员的专业服务知识以外，还能具有一定的专业插花技巧，从而使每个学生都能熟练掌握插花的基本知识和专业技巧，提高自身的艺术表现能力。

学习准备

（1）全班3人一组，组成若干个小组，每组由一名学生负责。

（2）每组学生准备不同品种的鲜花若干和插花工具。

（3）以小组的形式共同完成一件插花作品。

（4）每组同学选题各有不同，并给其完成作品命名。

（5）训练时间安排：18学时。

情景设置

四月的一个周末，某大酒店中餐厅有一个小型的招待宴会。当地一个日资企业的王总接待集团公司董事长，董事长第一次到中国视察，王总让办公室主任到当地最好的酒店预定了一个VIP包厢为董事长接风。

晚上六点，公司一行8人接到董事长后，直接开车到达酒店VIP包厢。董事长进入包厢后，看到宴会厅餐桌上，以荷花造景，非常生气，告诉翻译，他要直接回房间，不想用餐。

王总不明缘由，赶紧询问翻译，翻译告知，在日本，佛教以莲花为其专用花，日本人一般在寺院里做丧事才会用到，所以，董事长特别忌讳在餐桌上看到荷花、莲花。

王总知道缘由后，赶紧通知服务员撤掉桌上的荷花造景，和董事长道歉，餐厅经理知道了这个情况后，也赶紧到达包厢，向客人表示酒店的歉意，一场风波终于平息。

分析：此次宴会接待为何会出现问题？对于服务人员来说，在接待工作中的插花布置必须根据不同国家、不同种族的习惯，从构思、配色、艺术性等方面来感染客人，使其达到最佳的艺术效果。

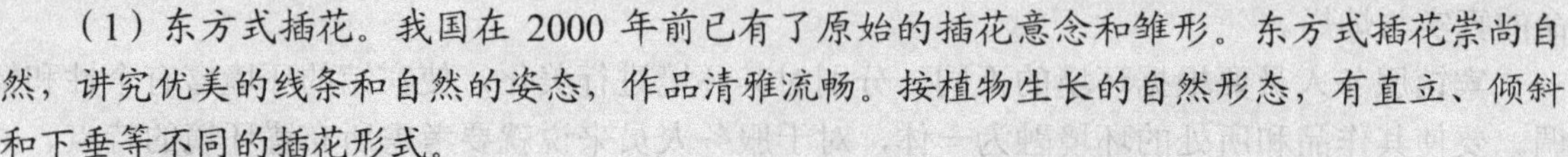

理论知识

知识链接

（1）东方式插花。我国在2000年前已有了原始的插花意念和雏形。东方式插花崇尚自然，讲究优美的线条和自然的姿态，作品清雅流畅。按植物生长的自然形态，有直立、倾斜和下垂等不同的插花形式。

（2）西洋式插花。西洋式插花起源于地中海沿岸的西方插花，可以追溯到公元前2000年时的尼罗河文化时期。西洋插花与东方插花相比较强调实用和设计理念，一般较能融入生活之中，达到日常生活的装饰效果。

一、插花的基础知识

插花的基本造型分为以下几种。

（1）水平型。设计重心强调横向延伸的水平造型，中央稍微隆起，左右两端则为优雅的曲线设计，其造型最大特点是能从任何角度欣赏。多用于餐桌、茶几、会议桌陈设，如图6-27所示。

（2）三角形。花材可以插成正三角形、等腰三角形或不等边三角形。外形简洁、安定，给人以均衡、稳定、简洁、庄重的感觉。大多作为典礼、开业、馈赠花篮等用。若在大型文艺会演及其他隆重场合应用，也显豪华气派，如图6-28所示。

（3）L形。将两面垂直组合而成，左右呈不均衡状态，宜陈设在室内转角靠墙处。L形对于一些穗状花序的构成往往起重要作用，大型的花用于转角处，小型的花向前伸延，给人以开阔向上的感觉，如图6-29所示。

图 6-27

图 6-28

图 6-29

（4）扇形。按基本的三角形插花造型作变化，在中心呈放射形，并构成扇面形状。适宜于陈设在空间较大之处，如图6-30所示。

（5）倒T字形。整个设计重点成倒T字形的构成，纵线及左右横线的比例为2:1，给人以现代感，适合装饰于左右有小空间的环境中，如图 6-31 所示。

（6）垂直型。整体形态呈垂直向上的造型，给人以向上伸延的感觉，适合陈设于高而窄的空间，如图 6-32 所示。

图　6-30

图　6-31

图　6-32

（7）椭圆形。优雅豪华的造型。采用大量的花材，集团式插法，对结构、对比要求比较低，呈自然的圆润感，以古典的花瓶做容器，宜置于教堂或典礼仪式等空间位置较大的场合，如图 6-33 所示。

（8）倾斜型。外形是不等边三角形。主枝的长短视情况而定，整个构图具有左右不均衡的特点。多用于线状花材，可有效的表达舒展、自然的美感，如图 6-34 所示。

图　6-33

图　6-34

知识链接

插花基本色彩调和原理如下。

（1）突出主色调。当用 2～3 种色彩的花材构图时，首先要确定构图的主题色彩，即能反映该插花作品主题思想的主要色彩。然后，将主要色彩的花材配置于构图的重心位置，而且无论花朵大小、花朵数量、色调浓淡等均应占主导地位。其他色彩的花材只是起陪衬和点缀作用，花朵宜小，色调宜淡，配置于构图的左、右两侧或前方下方，以突出主题色调。主题色彩和陪衬色彩之间要互相调和，浑然一体，不能各自形成孤立的色块，要使整体构图统一于一个基本色调之中，即主题色调之中，产生一种整体色彩效果。

（2）类似色调和。凡是色环上相邻数种颜色的配合均属于类似色的关系。例如，红、橙红、橙，蓝、蓝绿、绿，黄、黄橙、橙等均属类似色关系。类似色的色彩接近，同时使用时易于取得自然调和效果，具有柔和感。在插花创作中经常出现类似色花材同时配置的实例，若配置得当，显得素雅别致。

（3）中性色调和。金、银、黑、白和灰5种颜色属于中性色。中性色能和任何一种颜色相调和，具有缓冲和协调的作用。因此，若选用金、银、黑、白和灰色的花器，最便于选配花材。

（4）花材与花器的色彩调和。为了便于使花材与花器取得色彩协调，选择花器时，必须注意色彩以素雅为宜，且最好是属于中性色，这样易于和任何色彩的花材取得协调感。倘若花器的色彩较艳，必须精心选配能与花器色彩相协调的花材，其基本原则是花材与花器的色彩应具有一定的对比度，以使双方色彩互相辉映，相得益彰，从而突出整体构图效果。

二、插花的种类

插花艺术按插花器皿和组合方式可分为以下几种。

（1）瓶式插花，又称为瓶花，是比较古老而普通的一种插花方式。日常生活插花多属此种，如图6-35所示。

（2）盆式插花，又称为盆花，即利用水盆进行插花，或利用其他类似于水盆的浅口器皿进行插花，如图6-36所示。

图 6-35

图 6-36

（3）盆景式插花是利用浅水盆创作的一种艺术插花形式。它利用盆景艺术的布局方法，使插花作品形似植物盆景，如图6-37所示。

（4）盆艺插花是将盆栽植物和鲜花花枝艺术地组合在一起，进行室内布置的一种植物装饰艺术，如图6-38所示。

图 6-37

图 6-38

三、插花技巧的相关知识

1．插花基本道具

（1）粘性胶带。粘性胶带分为纸和塑料两种，颜色多种，要根据花茎的颜色和设计的目的选用。

（2）铁丝（或铜丝）。固定或保持花枝的形态、人工性地弯曲加工时需要用到铁丝。铁丝的种类很多，而且有不同的型号，根据粗细分为18～30号，可以根据设计意图来选用。

（3）花剪和花刀。花剪和花刀是剪切花茎、枝条最主要的工具。根据修剪花材的不同，有选择地使用。

（4）花泥。花泥用来固定花材，是吸水性很强的化学制品。保水性好，使用方法简单。花泥分为鲜花泥和干花泥两种。

2．花材选择

（1）用于插花的材料只要具备观赏价值，能水养持久，或本身较干燥，不需水养也能观赏较长时间的，都可以剪切下来用于插花。当然，插花的材料不只限于活的植物材料，某些枯枝及干的花序、果序等具有美丽的形态和色泽，同样可以用来插花。

（2）切花选购要诀如下。

1）花枝越长越新鲜。为保持新鲜，提高吸水性能，花店每天都要将切花枝茎的下端剪去一段。因此，茎越长的花越新鲜。

2）观察花材的整体形态。凡是叶面稍有萎蔫、发黄或浸入水中的花茎，叶片变成褐色、黑色的花枝，新鲜度差，不宜购买。

3）用手触摸水中的花枝。用手触摸花枝水中的枝茎部分，有滑溜溜的感觉，说明花枝已留放了5～6天，新鲜度差，不宜购买。

4）花朵大部分全开的不宜购买。

5）花型过小不宜购买。花型过小的原因，有时可能是将外围残缺的花瓣去除所至。

6）花色应鲜艳，花瓣应有弹力。

（3）世界各国选择花材的习俗和禁忌。世界各国的人民都有自己偏爱的花卉，但也有忌讳的花卉。下面列举几例以免失礼。

1）在我国的一些传统年节或喜庆日子里，到亲友家作客或拜访时，送的花篮或花束，色彩要鲜艳、热烈，以符合节日的喜庆气氛。可选用红色、黄色、粉色、橙色等暖色调的花，切忌送整束白色系列的花束。

2）在广东、香港等地，由于方言的关系，送花时尽量避免用以下的花：剑兰（见难）、茉莉（没利）。

3）按我国风俗习惯，好事成双。因此，除非送女友远行，在她襟前别上一朵鲜花以表示惜别之意，一般不宜送一枝花。

4）日本人忌“4”、“6”和“9”等几个数字，因为它们的发音分别近似“死”、“无赖”和“劳苦”，都是不吉利的。给病人送花不能有带根的，因为“根”的发音近于“困”，使人联想为一睡不起。日本人忌讳荷花。

5）俄罗斯人送女主人的花束一定要送单数，将使她感到非常高兴。送给男子的花必须是高茎、颜色鲜艳的大花。俄罗斯人忌讳“13”，认为这个数字是凶险和死亡的象征，而“7”在他们看来却意味着幸运和成功。

6）在法国，当你应邀到朋友家中共进晚餐，切忌带菊花，菊花代表哀悼，只有在葬礼上才会用到。意大利人和西班牙人同样不喜欢菊花，认为它是不祥之花，但德国人和荷兰人对菊花却十分偏爱。

7）英国人一般不爱观赏或栽植红色或白色的花。

8）在德国，一般不能将白色玫瑰花送朋友的太太，也避免送郁金香。

9）瑞士的国花是金合欢花。瑞士人认为红玫瑰带有浪漫色彩。因此，送花给瑞士朋友时不要随便用红玫瑰，以免误会。

10）欧美一带在悲痛时，不以香花为赠物。

11）巴西人忌讳黄色和紫色的花，视黄色为凶丧之色。

3．常见鲜花代表含意

（1）玫瑰。

玫瑰：爱情、爱与美、容光焕发、爱与艳情。

玫瑰（红）：热情、热爱着你、热恋。

玫瑰（粉红）：感动、爱的宣言、铭记于心、初恋。

玫瑰（白）：天真、纯洁、尊敬。

玫瑰（黄）：不贞、妒忌。

（2）郁金香。

郁金香（红）：爱的宣言、喜悦、热爱。

郁金香（粉）：美人、热爱、幸福。

郁金香（黄）：高贵、珍重、财富。

郁金香（紫）：无尽的爱、最爱。

郁金香（白）：纯情、纯洁。

郁金香（双色）：美丽的你、喜相逢。

（3）百合。

百合（香水）：纯洁、婚礼的祝福、高贵。

百合（白）：纯洁、庄严、心心相印。

（4）康乃馨。

康乃馨：母亲我爱您、热情、真情。

康乃馨（红）：相信你的爱。

康乃馨（粉红）：热爱、亮丽。

康乃馨（白）：吾爱永在、真情、纯洁。

（5）风信子。

风信子（白）：恬适。

风信子（蓝）：恒心、贞操。

风信子（紫）：悲伤。

4．花材形态

（1）线形花（线状花，Line Flower）：整个花材呈长条状或线状。利用直线形或曲线形等植物的自然形态，构成造型的轮廓，也就是骨架。例如，金鱼草、蛇鞭菊、飞燕草、龙胆、银芽柳和连翘等。

（2）定形花（形式花，Form Flower）：花朵较大，有其特有的形态，看上去很有个性的花材。作为设计中最引人注目的花，经常用在视觉焦点。本身形状上的特征使它的个性更加突出，使用时要注意发挥它的特性。例如，百合花、红掌、天堂鸟和芍药等。

（3）簇形花（块状花，Mass Flower）：花朵集中成较大的圆形或块状，一般用在线状花和定形花之间，是完成造型的重要花材。没有定形花的时候，也可用当中最美丽、盛开着的簇形花代替定形花，插在视觉焦点的位置。例如，康乃馨、非洲菊、玫瑰和白头翁等。

（4）填充花（散状花，Filler Flower）：分枝较多且花朵较为细小，一枝或一枝的茎上有许多小花。具有填补造型的空间以及花与花之间连接的作用。例如，小菊、小丁香、满天星、小苍兰和白孔雀等。

5．插花中尺寸的确定

花材与花器的比例要协调。一般来说，插花的高度（即第一主枝高）不要超过插花容器高度的1.5～2倍。在第一主枝高度确定后，第二主枝高为第一主枝高的2/3，第三主枝高为第二主枝高的1/2。第三主枝起着构图上的均衡作用，数量不限定。规则式插花和抽象式插花最好按黄金分割比例处理，花束也可按这个比例包扎。

插花保鲜小窍门

（1）梅花：剪口切成十字形，浸入水中。

（2）杜鹃花：切口用锤击扁，先在水中浸2小时，可保鲜相当长时间。

（3）秋菊花：在剪口处涂少许薄荷晶。

（4）蔷薇花：剪口用火焰炙一下，再插入花瓶。

（5）山茶花：浸入淡盐水中。

（6）百合花：浸于糖水中。

（7）郁金香：数枝扎束，外卷报纸再插入瓶中。

（8）莲花：折下后用泥塞住气孔，再插入淡盐水中。

四、零点餐桌球形插花的范例

要求：

（1）插花作品为零点餐桌装饰。

（2）插花作品要有创意，有主题，能体现餐厅的用餐氛围。

准备材料： 向日葵2枝，白色、粉色康乃馨各5枝，黄百合2枝，黄绣球1枝，彩霞草15枝，山苏10枝，藤编小筐1个（上口直径15cm，高12cm），塑料薄膜1张，花泥，剪刀。

制作步骤：

1．放花泥

将花泥切成筐口大小的形状叠放，用塑料薄膜把花泥从底部包住，放入筐内，上端高出小筐边缘3cm。

2．插向日葵

向日葵插在花泥中央，先去掉叶子，花茎留出5cm左右，一前一后插在花泥中部，前后呈错落状。

3．插百合

把每朵黄百合的花茎剪留5cm，沿着向日葵的四周插入花泥2～3cm，使黄百合在外圈包围着向日葵。

4．插绣球

把绣球的每个小枝剪开，仍是环绕着向日葵外圈，穿插在百合之间的空隙里，距离保持均匀与自然。

5．康乃馨调色

用白色和淡粉色康乃馨稍微调和一下色彩。将康乃馨花茎剪短，尽量插满有空隙的地方，要插成一个球形。

> **知识拓展**
>
> 果蔬插花，效果如图6-39所示。
>
> 即使普通的蔬菜水果、野花枝条，经过一番精心的穿插组合，也能成为一盆赏心悦目的插花。几支含苞待放的鲜花，三五红艳娇嫩的草莓，一棵中空的萝卜，甚至一块随手捡来的石头，只要搭配得当，都可以让人赏心悦目。

6．彩霞草填充

彩霞草的作用是填补缝隙，先从高出小筐的3cm花泥侧面开始插起，尽可能全覆盖花泥，把缝隙插满。

7．山苏点缀

最后剪几枝红色小花的山苏在整个花型上进行点缀和调剂色彩，一个餐桌插花就做好了，效果如图6-39所示。

图 6-39

技能训练

1．流程

根据构思确定作品主题→选择所需的花材→造型的插作。

2．具体训练步骤指导

（1）准备工作：学生根据所学的相关插花知识进行概括和分析，寻找出一种适合训练要求的插花主题。

（2）确定作品主题步骤：

各组每位学生在自己事先准备的白纸上构思一种作品创意

每人将完成的样稿在小组中逐个进行讲解和讨论，并确定一套最佳方案

小组成员根据确定方案具体计算所需花材、器皿以及插花辅材

教师根据每组确定的方案逐个检查和修改

（3）选择所需花材的步骤：

根据所需花材选择适当数目的花材备用

修剪去掉花卉的残枝败叶，根据不同式样进行长短剪裁，根据构图的需要进行弯曲处理（为了延长水养时间，适合水中剪取）

准备相应的插花器皿和辅材以备候用

（4）造型的插作步骤：

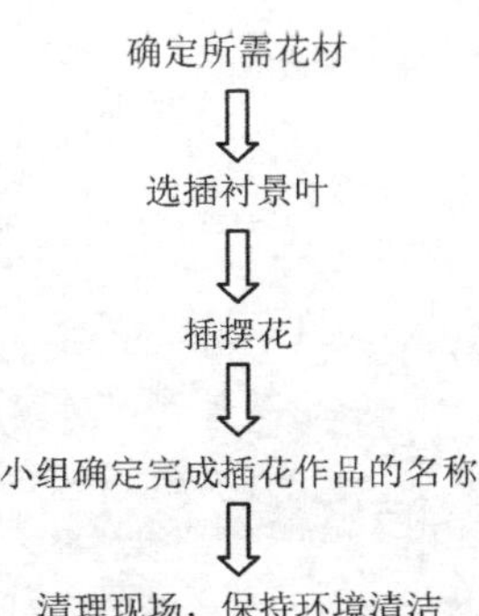

技能训练注意事项

（1）每组由一名学生负责。

（2）每个插花作品必须有一个主题，从花的选择到形成作品，小组每名学生都要参与。

（3）插花过程中注意插花工具的使用安全，使用完以后必须放置在固定的位置，以免造成不必要的伤害。

（4）完成后小组学生必须根据作品展现的效果，适当地喷洒清水，使其作品达到最佳的视觉效果。

插花能力评价评分表，见表6-3。

表6-3　插花能力评价评分表

考评人		被考评人	
考评地点			
考评内容	插花能力		
	内　容	分值/分	实际得分/分
考评标准	主题表现贴切，意境深邃	25	
	造型新颖别致，设计构思巧妙	25	
	色彩搭配合理、协调，视觉效果良好	20	
	花材选用新鲜，质量好，符合作品应用要求	15	
	技艺熟练，做工干净、利落且稳定	15	
合　计		100	

注：考核满分为100分，60～69为及格；70～79为中等；80～89为良好；90分及以上为优秀。

附录A 中餐摆台考核训练

在中餐摆台考核中，根据考核等级的不同分为初级、中级、高级，等级的不同确定了考核内容的不同。这里，将相关考核范围及内容分别向大家作介绍，以便进行针对性的学习与训练。

任务　中餐摆台考核练习

学习目标

熟悉中餐十人宴会摆台所需用具、摆放位置、摆放距离等标准。掌握中餐宴会摆台方法，能在规定时间内完成一桌十人宴会摆台。

初级餐厅服务员考核项目及内容，见表A1、表A2。

表A1　初级餐厅服务员考核项目及内容知识要求

项　目	鉴定范围	鉴定内容	配分比例（%）	备　注
基础知识	职业道德知识	1）道德 2）职业道德 3）餐饮服务人员职业道德 4）加强职业道德修养的方法	5	
	饮食卫生知识	1）食品卫生基础知识 2）食品卫生质量的鉴别方法 3）预防食物污染、食物中毒和有关传染病 4）饮食业食品卫生制度 5）中华人民共和国食品卫生法	10	
	礼节礼貌	1）礼节礼貌基础知识 2）礼节礼貌在服务工作中的重要性 3）服务中礼节礼貌的基本要求 4）仪表仪容 5）淡妆上岗	10	
	饮食风俗习惯	1）中华饮食文化习俗 2）我国兄弟民族饮食文化习俗 3）主要客源饮食文化习俗 4）主要节日饮食文化习俗	5	
	服务安全知识	1）人身安全 2）财产安全 3）服务环境安全	10	
专业知识	接待服务知识	1）餐厅服务员一般接待知识 2）中国菜基本知识	10	
	餐巾折叠知识	1）餐巾的作用和类型 2）餐巾折花的造型与技法 3）中餐餐厅折花20例 4）餐巾折花摆放的艺术性	10	
	端托服务知识	1）托盘使用知识 2）理盘 3）装盘 4）端托服务	10	
	摆台服务知识	1）选择餐台 2）铺台布 3）摆台	10	

（续）

项　　目	鉴 定 范 围	鉴 定 内 容	配分比例（%）	备　　注
专业知识	酒水知识	1）酒类基本知识 2）饮料基本知识 3）选酒（饮料）与开启 4）斟酒服务	10	
	上菜及撤换用具知识	1）介绍菜品 2）上菜	10	
		1）撤换菜肴、食品 2）撤换餐、酒用具 3）撤换毛巾、口布和台布		

表A2　初级餐厅服务员考核项目及内容技能要求

项　　目	鉴定内容及要求	配分比例（%）	相 关 知 识
中餐宴会摆台	1．仪容仪表要求 1）男发后不过领，侧不过耳，整齐干净；女发后不过肩，前不遮眼，整齐干净 2）男，胡须剃净；女，淡妆 3）指甲干净、剪齐，女士不涂指甲油 4）店服干净，无破损，熨烫挺括 5）鞋黑色，擦拭光亮，无破损；袜，男深色、女浅色，干净无破损 6）不佩戴首饰（手表、结婚戒指除外） 7）微笑，目光平视，自然 2．中餐宴会摆台 3．折叠10种盘花 4．斟倒啤酒、白酒	70	
摆台总体效果	1）操作时间不超过15分钟 2）动作协调，干净利落，餐具与物品不碰撞、无损坏 3）台面整齐美观、对称、卫生、方便使用	10	
分汤技术	1）手法正确、熟练、优美 2）汤汁不洒滴 3）份量均匀	10	
英汉互译及知识问答	1）餐厅服务用语英汉互译 2）餐厅相关知识问答	10	

中级餐厅服务员考核项目及内容，见表A3、表A4。

表A3　中级餐厅服务员考核项目及内容知识要求

项　　目	鉴 定 范 围	鉴 定 内 容	配分比例（%）	备　　注
基础知识	职业道德知识	1）道德 2）职业道德 3）餐饮服务人员职业道德 4）加强职业道德修养的方法	5	
	饮食卫生知识	1）食品卫生基础知识 2）食品卫生质量的鉴别方法 3）预防食物污染、食物中毒和有关传染病 4）饮食业食品卫生制度 5）中华人民共和国食品卫生法	5	
	礼貌礼节常识	1）礼节礼貌基础知识 2）礼节礼貌在服务工作中的重要性 3）服务中礼节礼貌的基本要求 4）仪表仪容 5）淡妆上岗	5	

（续）

项　目	鉴定范围	鉴定内容	配分比例（%）	备　注
专业知识	饮食习俗习惯	1）中华兄弟饮食文化习俗 2）我国民族饮食文化习俗 3）主要客源饮食文化习俗 4）主要节日饮食文化习俗	5	
	服务安全知识	1）人身安全 2）财产安全 3）服务环境安全	5	
	接待服务知识	1）接待服务的基本要求 2）中、西式早餐接待服务	15	
	餐巾折叠知识	1）餐巾折花技艺 2）中餐餐厅折花30例	10	
	摆台服务知识	1）餐前准备 2）中餐宴会餐台布局与摆放 3）西餐宴会餐台布局与摆放	10	
	酒水知识	1）特殊酒水开启 2）特殊酒水服务 3）酒水保管	10	
	分菜服务知识	1）分菜 2）分鱼 3）整形、造型菜拆分	10	
	餐、酒用具管理知识	1）餐、酒用具的配备使用 2）餐、酒用具的合理保管	10	
相关知识	外语应用	餐厅常用英语的应用	10	

表A4　中级餐厅服务员考核项目及内容技能要求

项　目	鉴定内容及要求	配分比例（%）	相关知识
中餐宴会摆台	1．仪容仪表要求 1）男发后不过领，侧不过耳，整齐干净；女发后不过肩，前不遮眼，整齐干净 2）男，胡须剃净，女，淡妆 3）指甲干净、剪齐，女士不涂指甲油 4）店服干净，无破损，熨烫挺括 5）鞋黑色，擦拭光亮，无破损；袜，男深色，女浅色，干净无破损 6）不佩戴首饰（手表、结婚戒指除外） 7）微笑、目光平视，自然 2．中餐宴会摆台 3．折叠杯花10种 4．斟倒红酒、白酒 1）操作时间不超过15分钟 2）动作协调，干净利落，餐具与物品不碰撞、无损坏 3）台面整齐美观、对称、距离均匀、卫生、方便使用	60	
分鱼技术	1）手法正确、熟练、优美 2）汤汁不洒滴 3）鱼脊骨完整，份量均匀	10	
拟定菜单	1）符合出菜顺序 2）品种搭配合理 3）荤素搭配合理 4）符合就餐标准	20	
英汉互译及知识问答	1）餐厅服务用语英汉互译 2）答案完整，语言表达清楚流利，反应敏捷 3）注意语音语调	10	

高级餐厅服务员考核项目及内容，见表A5、表A6。

表 A5　高级餐厅服务员考核项目及内容知识要求

项　　目	鉴 定 范 围	鉴 定 内 容	配分比例（%）	备　　注
基础知识	职业道德知识	1）道德 2）职业道德 3）餐饮服务人员职业道德 4）加强职业道德修养的方法	5	
	饮食卫生知识	1）食品卫生基础知识 2）食品卫生质量的鉴别方法 3）预防食物污染、食物中毒和有关传染病 4）饮食业食品卫生制度 5）中华人民共和国食品卫生法	5	
	礼貌礼节常识	1）礼节礼貌基础知识 2）礼节礼貌在服务工作中的重要性 3）服务中礼节礼貌的基本要求 4）仪表仪容 5）淡妆上岗	5	
	饮食习俗习惯	1）中华饮食文化习俗 2）我国兄弟民族饮食文化习俗 3）主要客源饮食文化习俗 4）主要节日饮食文化习俗	5	
	服务安全知识	1）人身安全 2）财产安全 3）服务环境安全	5	
专业知识	接待服务知识	1）高级接待服务要求 2）西式零点接待服务	10	
	摆台服务知识	1）中高档宴会的餐厅布置 2）中高档中餐宴会摆台 3）中高档西餐宴会及零点摆台 4）中西餐宴会餐台插花 5）冷餐会、自助餐、鸡尾酒会摆台	10	
	宴会服务知识	1）高档酒水知识 2）鸡尾酒服务知识 3）名菜名点服务 4）茶艺服务 5）营养配餐 6）宴会菜单	20	
	餐、酒用具使用保管	1）酒吧及西餐宴会常用酒具 2）高档玻璃餐、酒餐的清洁保养 3）高档装饰器皿的使用与保养	10	
	餐厅管理知识	1）餐饮企业经营管理基础知识 2）协调管理 3）餐饮服务特殊问题的处理方法	10	
	培训与指导	1）对初、中级餐厅服务员的培训 2）新餐厅服务员岗位培训 3）知识培训与技能培训	5	
相关知识	外语应用	餐厅常用英语的应用	10	

表A6 高级餐厅服务员考核项目及内容技能要求

项　目	鉴定内容及要求	配分比例(%)	相关知识
宴会摆台	1. 仪容仪表要求 1）男发后不过领，侧不过耳，整齐干净；女发后不过肩，前不遮眼，整齐干净 2）男，胡须剃净；女，淡妆 3）指甲干净、剪齐，女士不涂指甲油 4）店服干净，无破损，熨烫挺括 5）鞋黑色，擦拭光亮，无破损；袜，男深色，女浅色，干净无破损 6）不佩戴首饰（手表、结婚戒指除外） 7）微笑、目光平视，自然 2. 十人位西餐宴会摆台 3. 折叠5种盘花 4. 斟倒冰水、红酒	70	
知识问答	1）餐厅相关知识问答 2）答案完整、语言表达清楚流利，反应敏捷	10	
英汉互译	1）餐厅服务用语英汉互译 2）答案完整，语言表达清楚流利，反应敏捷 3）注意语音、语调	20	

学习准备

（1）将学生分成若干小组（按照实训室内可用于训练的台面及物品），组内成员轮流练习、互相评价。

（2）技能训练建议学时：根据考核项目而定。

情景设置

观看学生技能等级考核的录像，提醒学生注意观看操作中的身体姿态、托盘动作和操作手法卫生等方面。

提出技能等级考核的意义：①职业院校学生毕业时毕业证书、技能等级证书的双证要求。②就业时服务岗位的能力要求。

理论知识

各相关理论知识见相关项目。

技能训练

不同地区进行考核的项目和内容会有所不同，依据各地劳动技能鉴定中心的考核要求、考核标准作相应的技能训练。

各地考核内容会有所偏差，但台面餐具的摆放、餐巾折花、托盘斟酒等三项内容是最基本的，教师应做好这三项基本练习。

步骤：

学生个人根据《中餐摆台能力评价评分表》领会摆放要求、位置并进行个人的摆放

小组内根据《中餐摆台能力评价评分表》对个人的摆放互查纠正

小组派代表展示摆放要领，其他小组检查纠正

选出操作最规范的学生口述要领并示范动作

教师根据《中餐摆台能力评价评分表》进行指导、纠错

注意：

（1）以小组为单位进行训练。

（2）每组安排一名学生负责，小组内进行自查、互查。

（3）教师检查阶段分两个阶段。第一阶段进行摆台动作、位置、距离的准确性检查。第二阶段在规定的时间内，进行摆台动作、位置、距离的准确性检查。

学习评价

由于各地区考核内容的不同，摘取部分地区的考核标准供学生学习参考。

一、中餐摆台能力评价评分表 1（见表 A7）

表 A7　中餐摆台能力评价评分表 1

考生姓名＿＿＿＿＿＿　编号＿＿＿＿＿＿　时间＿＿＿＿＿＿　评分人签名＿＿＿＿＿＿

序号	程序	内容	分值/分	得分/分
1	餐前准备	1）仪容仪表（须发、面部、手与指甲、服装、鞋、首饰、总体印象）	3	
		2）工作台整理，摆放有序整齐合理	2	
2	台布转台	1）站立准确，动作娴熟一次完成	1	
		2）台布中心居中，四角下垂基本均等	2	
		3）转台居中，转动灵活	2	
3	骨碟定位	1）骨碟定位准确、匀称、间隔相等	2	
		2）相对骨碟、花瓶三点成一线	2	
		3）骨碟距桌边 1～1.5cm	2	
		4）骨碟标记方向一致	2	
		5）操作注意清洁卫生，拿边缘部分	2	

（续）

序　　号	程　　序	内　　容	分值/分	得分/分
4	汤碗匙、味碟、筷架、筷子	1）汤碗置于骨碟左上方，味碟位于右上方	5	
		2）匙柄向左，垂直于汤碗中线	1	
		3）汤碗、味碟、骨碟间距1cm左右	5	
		4）筷子距桌边1～1.5cm，离骨碟3cm，筷架5cm	3	
		5）筷架位于汤碗，味碟中线	1	
5	三杯	1）色酒杯居中，白酒杯在右，水杯居左	3	
		2）杯与杯间距1cm，三杯中线在一直线上	3	
		3）色酒杯位于餐位正中，正对花瓶	2	
		4）操作注意卫生，持杯柄	2	
6	折花	1）杯中花型，动物、植物各五种，相互间隔，高低摆放匀称	5	
		2）花的难度要求手折四次以上	2	
		3）一次完成，捏褶均匀，形象逼真，美观挺拔	5	
		4）摆放突出主位，花型和谐，观赏面朝向客人	3	
7	公用品	1）烟缸位于正副主人右侧，距桌边5cm	1	
		2）菜单位于正副主人左侧，距桌边1cm	1	
		3）公筷、匙位于色酒杯正上方3cm处，匙上筷下，尾部对齐	2	
		4）酱醋壶位于主位右侧，调味盅3只位于主位左侧，成倒三角形	2	
8	花瓶台号	花瓶位于转台中，台号在花瓶右侧朝门	2	
9	拉椅	餐椅正对餐具，椅间距离匀称，椅边与台布相切，并成圆形	2	
10	托盘斟酒	1）不滴不洒，白酒八成，色酒2/3杯	8	
		2）先斟主宾，商标朝向客人，顺时针方向	1	
		3）先斟色酒，再斟白酒，瓶口杯口距2cm，注意旋转收口	3	
		4）左手托盘，悬于椅外	3	
11	托盘	运送过程不翻倒，餐具无落地，动作平稳，要求协调	7	
12	整体形象	席面美观和谐，操作过程无失误，服务姿势优美	8	
实 际 时 间		超 时 扣 分	总　　分	

注：1．时间为20分钟，提前完成不加分，每超过15秒钟扣1分。

2．考核满分为100分，60～69分为及格；70～79分为中等；80～89分为良好；90分及以上为优秀。

按照中餐摆台能力评价评分表1的要求，中餐宴会十人标准摆台示意图如图A1、图A2所示。

图　A1

图　A2

二、中餐摆台能力评价评分表2（见表A8）

表A8 中餐摆台能力评价评分表2

考生姓名＿＿＿＿＿＿ 编号＿＿＿＿＿＿ 时间＿＿＿＿＿＿ 评分人签名＿＿＿＿＿＿

序号	程序	评分内容	分值/分	得分/分
1	餐前准备	1）仪容仪表（须发、面部、手与指甲、服装、鞋、首饰、总体印象） 2）工作台整理，摆放有序合理	5	
2	台布转台	1）站立准确，动作娴熟，一次完成 2）台布中心居中，正缝对准主人位，四角下垂基本均等 3）转台居中，转台灵活	5	
3	骨碟定位	1）骨碟定位准确、匀称、间隔相等 2）骨碟至桌边1～1.5cm 3）骨碟定位一次到位 4）操作卫生，拿边缘部分	10	
4	汤碗匙、味碟、筷架	1）汤碗置于骨碟的左上方，呈45°，味碟位于骨碟正上方 2）匙柄向左，垂直于汤碗中线 3）汤碗、味碟与骨碟间距为1.5cm 4）筷子距桌边1～1.5cm，距骨碟3cm 5）筷架、汤碗、味碟中线呈一条直线	15	
5	三杯	1）葡萄酒杯居中，白酒杯在右，水杯在左 2）杯与杯间距1cm，三杯中线在一直线上 3）葡萄酒位于餐位正中，与味碟、骨碟中线在一直线 4）操作时拿杯脚或杯下部	10	
6	折花	1）花形动物、植物各5种，互相间隔，摆放匀称 2）花的难度要求手折4次以上 3）捏摺均匀，形象逼真，美观挺刮 4）摆放时突出主位，观赏面朝向客人	15	
7	公用品	1）胡椒瓶、盐瓶、牙签盅放置在主人席右侧90°处，酱油瓶、醋瓶放置在主人席左侧90°处，与胡椒瓶、盐瓶对称成一直线 2）烟缸两个分别摆放在主人席和副主人席的右上方，其余两个与前两个基本成“十”字形摆放 3）菜单位于正副主人右侧，距桌边1cm 4）花瓶位于转台中央，台号在花瓶右侧朝门	6	
8	拉椅	餐椅正对餐具，椅间距离匀称，椅边与台布相切，并成圆形	4	
9	托盘斟酒	1）不滴不洒，白酒八成，葡萄酒六成 2）先宾后主，商标朝向客人，顺时针方向 3）先葡萄酒，后白酒，旋转收口 4）瓶口距杯口2cm，左手托盘，悬于椅外	15	
10	托盘	托盘平稳、协调，操作中餐具等不翻倒，无落地	7	
11	整体形象	席面美观和谐，操作过程中无失误，操作姿势优美	8	
实际时间		超时扣分	总分	

注：1. 时间为20分钟，提前完成不加分，每超过15秒钟扣1分。

2. 考核满分为100分，60～69分为及格；70～79分为中等；80～89分为良好；90分及以上为优秀。

按照中餐摆台能力评价评分表 2 的要求，中餐宴会十人标准摆台示意图如图 A3、图 A4 所示。

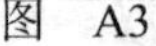
图 A3

图 A4

三、中餐摆台能力评价评分表3（见表A9）

表A9 中餐摆台能力评价评分表3

考生姓名＿＿＿＿＿＿ 编号＿＿＿＿＿＿ 时间＿＿＿＿＿＿ 评分人签名＿＿＿＿＿＿

项目及操作程序	分数/分	细节要求	扣分/分
椅子摆放	2	成3322型，椅面一半在桌面下，违例每椅扣0.2分	
铺台布	2	铺放一次到位，每多铺一次扣0.5分，扣完为止	
	4	台布中心居中，中缝向上，朝餐厅门口	
放转盘	1	玻璃转盘在圆桌中央	
摆花瓶	1	花瓶在转盘中心，椅子归位	
骨碟	4	相对应的骨碟、花瓶、骨碟成三点一线	
	2	筷子距离骨碟3cm，允许误差0.5cm	
	2	与桌边距约1.5cm，允许误差0.2cm	
	2	与汤碗口边垂直投影距1cm，允许误差0.2cm	
	2	与葡萄酒杯底距3cm，允许误差0.2cm	
筷架、筷子	2	筷子（含筷套，下同）2/5位置放在筷架上	
	2	筷稍（或筷套底部）距桌边约1.5cm，允许误差0.2cm	
汤碗、汤匙	2	位置：碗外沿与骨碟外沿基本齐平，汤匙正放，匙柄向左	
葡萄酒杯、白酒杯	2	葡萄酒杯在骨碟正前方	
	2	白酒杯在葡萄酒杯右侧，底部相距1cm，允许误差0.1cm	
公筷、公匙	1	位置：正、副主人席三杯的正前方，距转盘1cm，允许误差0.1cm	
	1	方向：顺时针，筷架压台布中线，匙上筷下，尾部对齐	
调味品	2	胡椒瓶、盐瓶放置在主人席右侧90°处，酱油瓶、醋瓶放置在主人席左侧90°处，与胡椒瓶、盐瓶对称成一直线	
烟缸	4	两个分别摆放在主人席和副主人席的右上方，其余两个与前两个基本成“十”字形摆放	
菜单	1	以整体效果美观为原则摆放，原则位置在主人、副主人右侧	
拉椅定位	2	相对应的椅子、骨碟、花瓶、骨碟、椅子成一线	
	2	距离台布垂线外1cm，允许误差0.5cm	

（续）

项目及操作程序		分数/分	细节要求	扣分/分
口布摺杯花		2	种类：10 种各不相同，动物、植物各 5 种，席位卡放在骨碟内	
		2	难度：手摺 4 次以上，如用牙叼咬扣 2 分	
		2	效果：比例合适、对称、美观、挺括	
摆放水杯		2	水杯在葡萄酒杯左侧，动物摺花头向右，错落有致，主花明显突出	
		2	水杯底与葡萄酒杯底相距 1.5cm，允许误差 0.1cm	
斟酒		1	瓶口完整，不留封皮、不破损	
		1	斟酒时酒瓶商标面向客人，违例每次扣 0.5 分	
		1	酒瓶之间不碰撞	
		1	杯子不倒，倒 1 个扣 1 分	
		2	瓶口不碰杯，违例每次扣 0.5 分	
		1	红白酒交替斟，先斟干红，再斟白酒，违例每次扣 1 分	
		2	红酒 5 成，白酒 8 成	
		1	不溢出，溢出每次扣 1 分	
		1	不滴酒，洒一滴扣 0.2 分	
操作过程和结果	操作状态	1	铺台布、放转盘、摆花瓶，站在主人位操作	
		2	骨碟开始从主位操作，顺时针方向摆放餐具，违例每次扣 2 分	
		2	按程序进行，无遗漏，不按程序扣 3 分，遗漏物品扣 0.5 分/件	
		3	动作流畅，步伐有序，面带微笑	
		6	托盘悬位在椅背外，违例每次扣 0.5 分	
		2	如有餐具、物品倒下或落地应回到接手桌，否则全场 0 分	
		2	良好操作习惯，违例每件扣 0.5 分	
	整体效果	2	三杯中心成一直线	
		2	十个汤匙柄整体看基本呈圆形	
		2	台布、口布色彩协调	
累计扣分				
90 分+仪容仪表（　　）+提前分（　　）−超时分（　　）−扣分（　　）=竞赛得分（　　）				

注：1. 整个操作须在 20 分钟内完成（从发令开始至托盘放回备餐台，选手举手示意止）。

2. 每提前 30 秒加 0.5 分，加分最高不超过 2 分，不足 30 秒不加分。每超过 30 秒减 0.5 分，减分无限制。

按照中餐摆台能力评价评分表 3 的要求，中餐宴会十人标准摆台示意图如图 A5、图 A6 所示。

图　A5

图　A6

参考文献

[1] 郭剑英．餐饮服务[M]．长沙：湖南科学技术出版社，2005．

[2] 傅启鹏．餐饮服务与管理（修订版）[M]．北京：高等教育出版社，1999．

[3] 姜松龄，祝宝钧．餐巾折花[M]．杭州：浙江人民出版社，1994．

[4] 倪桂荣，等．餐饮服务教程[M]．沈阳：辽宁科学技术出版社，1995．